John Allen Paulos

Zahlenblind

John Allen Paulos

Zahlenblind

Mathematisches Analphabetentum und seine Konsequenzen

Mit einem Vorwort
von Douglas R. Hofstadter

Wilhelm Heyne Verlag
München

Titel der amerikanischen Originalausgabe
INNUMERACY
MATHEMATICAL ILLITERACY AND
ITS CONSEQUENCES

Die Originalausgabe erschien im Verlag Hill and Wang,
New York
Deutsch von Kollektiv Druck-Reif

Umschlaggestaltung: Adolf Bachmann, Reischach
Fotosatz: B. Hopfengärtner, München
Druck und Bindung: Pustet, Regensburg
Printed in Germany

ISBN: 3-453-03623-9

Für Sheila, Leah und Daniel
aus zahllosen Gründen

Inhalt

Vorwort

von Douglas R. Hofstadter

Über Zahlenblindheit

In ihrer Vorlesung über die Zukunft des Universums hatte die berühmte Kosmogonin, Frau Professor Gigantzahlska, gerade behauptet, daß nach ihren Berechnungen die Erde in etwa einer Milliarde Jahren in die Sonne stürzen und dort ihren Feuertod finden würde. Aus dem hinteren Auditorium erhob sich eine zitternde Stimme: »Entschuldigen Sie, Frau Professor, w-w-wie lange, sagten Sie, würde es dauern?« Ruhig antwortete Frau Professor Gigantzahlska: »Etwa eine Milliarde Jahre.« Ein Seufzer der Erleichterung war zu hören. »Ach so! Einen Augenblick lang habe ich gedacht, Sie hätten eine *Million* Jahre gesagt.«

John F. Kennedy erzählte gerne die folgende Anekdote von einem berühmten französischen Soldaten, Marschall Leautey. Eines Tages hatte der Marschall seinen Gärtner beauftragt, am nächsten Tag in seinem Garten eine Reihe von speziellen, seltenen Bäumen zu pflanzen. Der Gärtner war gerne dazu bereit, machte jedoch den Marschall darauf aufmerksam, daß Bäume dieser Art ein Jahrhundert bräuchten, um ihre volle Größe zu erreichen. »Wenn das so ist«, antwortete Leautey, »pflanzen Sie sie noch heute nachmittag.«

In beiden Geschichten wird zwischen der Zeit einer entfernten Zukunft und einer näherliegenden Zeit eine überraschende Verbindung geschlagen. Bei der zweiten Geschichte sagen wir uns: Was kann ein Tag schon bei einem Jahrhundert ausmachen? Und trotzdem sind wir vom Drängen des Marschalls gerührt. Jeder Tag zählt, scheint er zu sagen, und das gilt besonders, wenn es ihrer Tausende und Abertausende gibt. Ich habe diese Geschichte immer gemocht, die andere jedoch, als ich sie vor ein paar tausend Tagen zum ersten Mal hörte, habe ich zum Schreien komisch gefunden. Die Vorstellung, daß jemand solch riesige Zahlen so persönlich nehmen könnte oder daß man den Weltuntergang so viel klarer empfinden könnte, wenn er nur noch eine *Million* anstatt erst eine *Milliarde* Jahre entfernt wäre – köstlich! Wer kann schon auf den Unterschied zwischen zwei riesigen Zahlen so unmittelbar reagieren?

In der letzten Zeit ging es freilich, was gigantische Zahlen betrifft, in den Schlagzeilen der Zeitungen noch komischer zu. Da konnte man »Witze« lesen wie »Verteidigungsausgaben der nächsten vier Jahre auf 1 Billion Dollar gestiegen« oder »Verteidigungshaushalt in den nächsten vier Jahren wahrscheinlich um 750 Milliarden Dollar überschritten«. Ich fürchte nur, daß diese Komik beim Durchschnittsbürger erst gar nicht ankommt. Es wäre doch schade, wenn solch erheiternde Vorstellungen nur von einem kleinen Kreis von Auserwählten goutiert werden könnten. Es kann also nicht falsch sein, dachte ich, wenn ich etwas über den dazugehörigen theoretischen Hintergrund sagen würde. Zufällig gehört er auch zu meinen Lieblingsthemen: die Lehre von den sehr großen (und sehr kleinen) Zahlen.

Ich habe schon immer den Verdacht gehabt, daß nur relativ wenige Menschen den Unterschied zwischen einer Million und einer Milliarde wirklich kennen. Sicher ist er den Leuten soweit geläufig, daß sie über die

Geschichte mit der Erde, die in die Sonne fällt, schmunzeln können, aber was nun der Unterschied *genau* ist – das ist schon wieder etwas anderes. Neulich hörte ich einen Nachrichtensprecher sagen: »Die Dürre hat die kalifornische Landwirtschaft zwischen neunhunderttausend und einer Milliarde Dollar gekostet.« Wie bitte? So etwas ist besorgniserregend. Diese erschreckende Zahlenignoranz können wir uns in einer Gesellschaft, in der große Zahlen an der Tagesordnung sind, nicht leisten. Oder leiden wir wirklich unter *Zahlenblindheit?* Sind wir um so blinder, je größer die Zahlen sind?

Was geht in den Leuten vor, wenn sie ominöse Schlagzeilen wie die oben genannten lesen? Was geht in ihren Köpfen vor, wenn sie von Atomwaffen mit einer »Ausbeute« von 20 Kilotonnen lesen? Oder von 60 Megatonnen? Sagt die Zahl noch etwas aus – oder ruft sie nur ein Gähnen hervor? »So, so. Daß die Russen uns 20mal töten können, wußte ich schon längst. Jetzt können sie's also 200mal? Na ja, wir können froh sein, daß es nicht 2000mal ist, oder?«

Wie kommt es bei den Leuten an, daß der typische Kaufpreis eines Hauses in einigen dichtbesiedelten Gebieten der USA eine Viertelmillion Dollar beträgt? Was denken die Leute, wenn sie in der Radiowerbung hören, daß sie, wenn sie jetzt ihr Geld anlegen, sich mit einer Million zur Ruhe setzen können? Kann *jeder* Millionär werden? *Erwarten* wir nun, daß Häuser ein Viertel des Vermögens eines Millionärs ausmachen? Was ist nur aus der glitzernden Aura geworden, die das Wort »Millionär« einmal umgab?

Einst gab ich im dreizehnten Stockwerk des Hunter College in New York City einem kleinen Anfängerkurs Physikunterricht. Vom Fenster hatten wir einen herrlichen Ausblick auf die Wolkenkratzer Manhattans. In einer der ersten Stunden wollte ich meinen Studenten etwas über

Schätzungen und signifikante Zahlen erzählen, und so bat ich sie, die Höhe des Empire State Building zu schätzen. Von zehn Studenten kam nicht einer auch nur bis zur Hälfte der richtigen Antwort nahe (448 Meter mit der Fernsehantenne, 381 ohne). Die meisten Schätzungen lagen zwischen 90 und 150 Metern. Einer tippte auf 15 Meter – eine wirklich erstaunliche Fehlschätzung; ein anderer glaubte, es wären 1,6 Kilometer. Wie sich herausstellte, hatte dieser die Antwort ausgerechnet, indem er 15 Meter für jedes Stockwerk veranschlagte und etwa 100 Stockwerke annahm. Wo einer 15 Meter pro *Stockwerk* ansetzte, da schätzte der andere das ganze *Gebäude* mit seinen 102 Stockwerken so hoch. Dieser verblüffende Vorfall hat mich tief beeindruckt.

Es ist üblich geworden, über den erschreckenden Analphabetismus dieser Generation zu klagen, insbesondere über ihre angebliche Unfähigkeit, einen grammatisch richtigen Satz zu schreiben. Aber wer redet über den erschreckenden Annumeralismus der meisten Leute, ob jung oder alt, wenn es darum geht, Zahlen sinnvoll anzuwenden? Zahlen, die, ob wir es mögen oder nicht, schließlich unser Leben bestimmen? Wie Senator Everett Dirksen es einmal sagte: »Eine Milliarde hier, eine Milliarde dort – und schon geht mit Geld alles.«

Zugegeben, die Welt ist riesig. Es gibt eine Menge Leute, eine Menge Bedürfnisse, und das macht alles etwas unüberschaubar. Aber das entschuldigt noch lange nicht die Unfähigkeit, Zahlen zu verstehen – oder sich nur auf sie zu beziehen, Zahlen, deren Zweck es ist, in wenigen Symbolen einige wesentliche Aspekte dieser riesigen Realität zusammenzufassen. Höchstwahrscheinlich gehören die Leser dieses Artikels nicht zu meinen Sorgenkindern. Aber jeder Leser dieses Artikels wird sicher viele Leute kennen, denen es bei großen Zahlen, ob im Regierungshaushalt, im Bruttosozialprodukt oder in Firmenbilanzen usw., schummerig wird. Für Leute, deren Vorstellungskraft aussetzt, wenn sie etwas hören, was auf »-illion« endet, sind alle großen Zahlen gleich, so daß es auf die explodierenden Exponenten nicht mehr ankommt. Eine solche Unfähigkeit, mit großen Zahlen umzugehen, muß sich für die Gesellschaft nachteilig auswirken. Sie führt dazu, daß wichtige Themen unter der Vorgabe, sie seien unüberschaubar, ignoriert werden. Wenn ich es also richtig sehe, muß jede Anstrengung unternommen werden, den steigenden Zahlen-Analphabetismus unserer Gesellschaft aufzuhalten. Wie ich oben sagte, erwarte ich nicht, daß dem Leser dieses Artikels großartige neue Einsichten eröffnet werden (obgleich ich hoffe, dazu anzustiften); vielmehr hoffe ich, daß ihm das von mir zusammengetragene Material den Anstoß gibt, seinen Freunden und Studenten ein lebendiges Gefühl für Zahlen zu vermitteln.

Ich dachte, um dem gesunden Zahlenverstand auf die Beine zu helfen, erlaube ich mir ein kleines Frageund-Antwort-Spiel. Fertig? Los geht's! Wie viele Buchstaben gibt es in einem Buchladen? Nicht rechnen – nur raten. Haben Sie ungefähr eine Milliarde gesagt? Die hat neun Nullen (1 000 000 000). Falls ja, dann haben Sie nicht schlecht geschätzt. Falls nein: Lagen Sie zu hoch oder zu niedrig? Kommt Ihnen Ihre Schätzung im Rückblick weit hergeholt vor? Was bringt einen dazu, anzunehmen, daß eine Milliarde angemessener sei als, sagen wir, eine Million oder eine Billion? Rechnen wir einmal nach. In einem typischen Buchladen gibt es, sagen wir, 10 000 Bücher. (Wie ich darauf komme? Durch spontane Schätzung. Wenn ich es aber überschlage, scheint es mir realistisch, eher etwas zu niedrig.) Jedes Buch hat mehrere hundert Seiten Text. Wie viele Wörter pro Seite – hundert? Tausend? Zweifellos irgendwo dazwischen. Sagen wir einfach 500. Und wie viele Buchstaben pro Wort? Na, ungefähr 5 im Durchschnitt. Also haben wir

10 000 × 200 × 500 × 5, das macht 5 Milliarden. Gut, wer will sich bei solch hohen Zahlen schon über einen Faktor 5 aufregen? Selbst von einer Schätzung, die sich innerhalb des Faktors 10 bewegt (etwa zwischen 500 Millionen und 50 Milliarden), würde ich sagen, daß sie nicht übel ist. Hätten wir nun das alles *im voraus* wissen können – ich meine: *ohne Rechnung?*

Wir konnten wählen. Welche der folgenden zwölf Möglichkeiten ist die wahrscheinlichste:

a) 10;
b) 100;
c) 1000;
d) 10 000;
e) 100 000;
f) 1 000 000;
g) 10 000 000;
h) 100 000 000;
i) 1 000 000 000;
j) 10 000 000 000;
k) 100 000 000 000;
l) 1 000 000 000 000?

In den Vereinigten Staaten wird diese letzte Zahl mit ihren zwölf Nullen eine *trillion* genannt; in den meisten anderen Ländern, so im deutschsprachigen Raum, heißt sie »Billion«, und dort reserviert man die »Trillion« für die wirklich ungeheuerliche Zahl 1 000 000 000 000 000 000; für Amerikaner ist dies eine *quintillion,* obwohl kaum einer diesen Terminus kennt.

Den meisten Leuten will es nicht in den Kopf, daß es ziemlich dasselbe ist, solche Zahlen zu schätzen oder einen Blick auf die Stühle in einem Zimmer zu werfen und dann schnell zu schätzen, ob es zwei oder sieben oder fünfzehn sind. Nur daß das, was wir hier schätzen, die Anzahl der Nullen in einer Zahl ist, das heißt, der

Logarithmus (zur Basis 10) der Zahl. *Wenn wir ein Gefühl für die Anzahl der Stühle in einem Zimmer entwickeln können, warum dann nicht ebenso eines für die Anzahl der Nullen in einer Zahl?* Das ist die Grundprämisse dieses Artikels.

Natürlich gibt es einen Unterschied zwischen diesen beiden Arten des gesunden Zahlenverstandes. Eine Sache ist es, auf eine Zahl wie »1000000000000« zu blikken und, ohne zu zählen, das intuitive Gefühl zu haben, daß sie um die zwölf Nullen haben muß – sicher mehr als zehn und weniger als fünfzehn. Eine andere Sache ist es, die Luftaufnahme eines Treibholzstaus (siehe Abbildung auf der nächsten Seite) zu sehen und visuell oder intuitiv oder irgendwo dazwischen zu der Schätzung zu kommen, daß die Zahl der Hölzer im Stau zwischen drei und fünf Nullen haben muß – mit anderen Worten, daß 10 000 die der gesuchten Zahl nächstgelegene Zehnerpotenz ist, daß 1000 entschieden zu niedrig und 100 000 zu hoch wäre. Diese Fähigkeit ist nur eine Form der Zahlenwahrnehmung, die eine Abstraktionsstufe über der gewöhnlichen Zahlenwahrnehmung liegt. Doch sollte diese Abstraktionsstufe nicht schwer zu nehmen sein.

Der Trick besteht natürlich in der Übung. Man sollte sich an die Vorstellung gewöhnen, daß zehn eine sehr große Zahl von Nullen ist, die eine Zahl haben kann, daß fünf immer noch ganz schön groß und drei schon fast zu erfassen ist. Am wichtigsten ist es wahrscheinlich, für jede Zahl von Nullen ein Paradigma parat zu haben. Zum Beispiel: *Drei* Nullen decken die Zahl der Schüler in Ihrer Schule ab: 1000, nach oben oder unten variabel um einen Faktor von drei. Solange wir nur schätzen und keine Exaktheit anstreben, können wir bei Zahlen mit nur wenigen Nullen ungefähr einen Faktor von drei in beiden Richtungen entschuldigen. *Vier* Nullen ist die Anzahl von Büchern in einem mittleren Buchladen. *Fünf* Nullen ist die Größe einer ansehnlichen Kreisstadt:

Luftbild eines Treibholzstaus in Oregon. Wie viele Stämme? (Photo Ray Atkeson)

100 000 Einwohner oder so. *Sechs* Nullen – das ist eine Million – kommen auf eine wirklich große Stadt: München, Köln, Brasilia, Marseilles, Dar és Salaam. *Sieben* Nullen werden riesig: Shanghai, Mexico City, Seoul, Paris, New York. Wie viele Städte in der Welt gibt es wohl Ihrer Meinung nach mit einer Bevölkerung von einer Million oder mehr? Von wie vielen werden Sie noch nie etwas gehört haben? Und wenn wir die Schwelle auf 100 000 senken? Wie viele Städte gibt es in Deutschland mit einer Einwohnerzahl von 1000 oder weniger? Hier hilft nur Übung.

Ich sagte, man sollte für jede Anzahl von Ziffern ein Paradigma bereithalten. Eigentlich ist das Unsinn. Man sollte mehrere haben. Um einen konkreten Begriff von der »Neunnulligkeit« zu bekommen, muß man sie sich in verschiedenen Medien verkörpern lassen, am besten in so ungleichartigen wie Bevölkerung, Haushalt, kleinen Objekten (Ameisen, Münzen, Buchstaben usw.) und vielleicht auch durch so verschiedene Dinge wie astronomische Entfernungen oder Computerstatistiken.

Nehmen wir den berühmten Werbespruch von McDonald's: »Über 25 Milliarden serviert« (oder wie auch immer er heute heißen mag). Ist diese Zahl glaubhaft? Nun, wäre sie 10mal so hoch – also 250 Milliarden –, könnten wir sie einfacher durch die Bevölkerung der USA teilen. (Man muß natürlich wissen, daß die Bevölkerung der USA etwa 230 Millionen beträgt. Für unsere Zwecke setzen wir die US-Bevölkerung auf 250 Millionen oder $2{,}5 \times 10^8$ fest – eine einfache Zahl, die jeder kennen sollte). Nehmen wir also an, der Spruch lautete: »Über 250 Milliarden serviert.« Auf jede Person in den USA kämen dann umgerechnet 1000 Hamburger. Da wir die Zahl vorsätzlich auf das Zehnfache aufgebläht haben, nehmen wir das jetzt zurück: wir dividieren unsere Antwort durch zehn und erhalten 100. Ist es glaubhaft, daß McDonald's für jeden Einwohner der USA 100 Hamburger zubereitet? Ich denke doch; schließlich gibt es McDonald's schon seit geraumer Zeit, und einige Familien frequentieren es mehrmals im Jahr. Also *ist* der Spruch glaubhaft, und die Tatsache, daß er *glaubhaft* ist, macht es *wahrscheinlich*, daß er auch ziemlich genau ist. Wenn es McDonald's nicht auf Genauigkeit ankäme, würden diese Leute sich wahrscheinlich nicht die Mühe machen, ihre Zahlen immer wieder auf den neuesten Stand zu bringen. Ich muß sagen, wenn deren ehrliche Anstrengungen mithelfen, den Zahlen-Analphabetismus zu reduzieren, dann bin ich sehr damit einverstanden.

Wo kommen alle diese Hamburger her? Die Anzahl der täglich in den USA geschlachteten Rinder ist beeindruckend. Sie beläuft sich auf etwa 90 000. Als ich sie zum ersten Mal hörte, kam sie mir zu hoch vor. Doch überlegen wir: Auf eine Person kommt vielleicht pro Tag ein halbes Pfund Fleisch. Wieder einmal bietet die US-Bevölkerung – 250 Millionen – einen nützlichen Maßstab. Ein halbes Pfund Fleisch pro Person und pro Tag, das beläuft sich auf 100 Millionen Pfund Fleisch pro Tag – in dem Dreh jedenfalls. Auf einen Faktor von zwei kommt es jetzt sicherlich nicht an. Wie viele Tonnen sind das? Durch 2000 dividiert, erhält man 50 000 Tonnen. Aber ein einzelnes Tier macht nicht eine Tonne Fleisch aus. Vielleicht 1000 Pfund oder so – eine halbe Tonne. Das heißt, für jede Tonne Fleisch wurden zwei Tiere getötet. Also mußten jeden Tag 100 000 Tiere ins Gras beißen, um unseren kollektiven Appetit zu befriedigen. Da wir natürlich nicht nur Rindfleisch essen, liegt die wahre Anzahl etwas darunter. Und damit dürften wir in etwa bei der richtigen Zahl angelangt sein.

Wie viele Bäume werden jede Woche gefällt, um die Sonntagsausgabe der *New York Times* zu produzieren? Nehmen wir an, es werden um die zwei Millionen Exemplare gedruckt, jedes wiegt vier Pfund. Das beläuft sich auf etwa acht Millionen Pfund Papier – 4000 Tonnen. Wenn ein Baum einer Tonne Papier entspricht, dann wären das 4000 Bäume. Ich kenne mich im Holzgeschäft nicht aus, aber die Schätzung von einer Tonne pro Baum kann nicht allzu weit danebenliegen. Schlimmstenfalls wären es 200 Pfund Papier pro Baum und das hieße: 40 000 kleine Bäume. Die Photographie des Treibholzstaus läßt etwa zwischen 7500 und 15 000 Holzstämme erkennen, soweit ich schätzen kann. Wenn wir also 200 Pfund Papier pro Baum annehmen, dann repräsentieren die Hölzer in der Photographie deutlich weniger als die Hälfte der Bäume, die eine einmalige Sonntagsausgabe der *New York Times* verschlingt! Wir könnten noch weiter gehen und die Zahl der Bäume schätzen, die jeden Monat für Zeitschriften, Bücher und Zeitungen dieses Landes gefällt werden, aber das will ich dem Leser überlassen.

Wie viele Zigaretten werden jedes Jahr in den USA geraucht? (Wie viele Nullen?) Das ist ein klassischer »Zwölfer« – in der Größenordnung einer Billion. Die Rechnung ist einfach. Nehmen wir an, daß die Hälfte der Bevölkerung des Landes Raucher sind: 100 Millionen. (Ich weiß, das ist etwas über dem Schnitt; wir werden das später irgendwo im Laufe der Rechnung nach unten korrigieren.) Jeder Raucher raucht – was? Eine Packung pro Tag? Gut. Das macht 20 Zigaretten mal 100 Millionen: zwei Milliarden pro Tag. Das Jahr hat 365 Tage, aber nehmen wir nur 250, denn ich hatte gesagt, daß ich irgendwo etwas wegnehmen werde; 250 mal zwei Milliarden macht etwa 500 Milliarden – eine halbe Billion. Das kommt auch gerade hin, wie sich zeigt; als ich es das letzte Mal (vor ein paar Jahren) nachprüfte, waren es um die 545 Milliarden. Ich erinnere mich noch an den Schreck, als ich die Zahl sah; es war das erste Mal, daß ich es mit einer *konkreten* Zahl von der Größenordnung einer Billion zu tun hatte.

Übrigens, »20 (Zigaretten) mal 100 Millionen« ist nicht schwer auszurechnen, aber ich wette, daß viele in Verlegenheit kämen, wenn sie es im Kopfe tun müßten. Ich tu's, indem ich einen Faktor von zehn von einer Zahl auf die andere verschiebe. Ich *kürze* 20 auf 2 und *erweitere* 100 auf 1000. Die Aufgabe heißt jetzt »2 mal 1000 Millionen«, wobei ich mich erinnere, daß 1000 Millionen eine Milliarde ausmachen. Wer mit Zahlen vertraut ist, für den klingt das natürlich absolut trivial, für Leute jedoch, die damit nicht so vertraut sind – und das sind die *meisten* –, klingt es wahrhaft ungeheuerlich und abstrus.

Mit Zahlen wie 545 Milliarden haben wir es zu tun, wenn wir von den Mehrausgaben des Verteidigungsministeriums in den nächsten vier Jahren in Höhe von 750 Milliarden Dollar sprechen. Ein schöner kleiner Privatcomputer (wie er mir gefallen würde) kostet ungefähr 75 000 Dollar. Hätten wir 750 Milliarden Dollar, könnten wir jeder Person in New York City so ein Ding verschaffen, d. h. wir könnten 10 Millionen davon kaufen. Oder wir könnten jedem Einwohner von San Francisco eine Million Dollar in die Hand drücken und hätten dann immer noch genug übrig, um jedem Chinesen ein Fahrrad zu kaufen! Man weiß gar nicht, wofür 750 Milliarden noch alles gut sein können. Statt dessen fließen sie in Patronen und Panzer und Jagdflugzeuge und Kriegsspiele und Raketensysteme und Treibstoff und Militärkapellen und so weiter. Eine interessante Art, 750 Milliarden Dollar auszugeben, aber ich wüßte bessere.

Überlegen wir uns andere Arten von großen Zahlen. Wußten Sie, daß Ihre Netzhaut etwa 100 Millionen Zellen enthält, deren jede auf einen bestimmten Reiz reagiert? Diese füttern die Signale in das Hirn ein, von dem man heute annimmt, daß es aus etwa 100 Milliarden Neuronen oder Nervenzellen besteht. Die Anzahl der Glia-Zellen – kleiner unterstützender Zellen im Gehirn – ist ungefähr zehnmal so hoch. Das heißt, daß Sie in Ihrem Köpfchen etwa eine Billion Glia-Zellen haben. Das klingt riesig; insgesamt aber werden in Ihrem Körper etwa 60 bis 70 Billionen Zellen vermutet. Jede einzelne enthält Millionen von Bestandteilen, die zusammenarbeiten. Nehmen wir z. B. das Protein Hämoglobin, das den Sauerstoff im Blutkreislauf transportiert. Jeder von uns hat etwa sechs Milliarden Billionen (das sind sechstausend Millionen Millionen Millionen) Exemplare des Hämoglobinmoleküls in sich, wovon 400 Billionen (400 Millionen Millionen) jede Sekunde zerstört und weitere 400 Billionen aufgebaut werden! (Ich beziehe diese Zahlen übrigens aus Richard Dawkins' Buch *Das egoistische Gen.* Zuerst haben sie mich sehr verblüfft, so daß ich sie nachzurechnen versuchte. Meine Schätzungen kamen seinen Zahlen sehr nahe. Um sicherzugehen, bat ich eine Kollegin aus der Biologie um eine Überprüfung, und sie schien unabhängig von mir zu den gleichen Resultaten zu kommen. Daher denke ich, daß sie ziemlich zuverlässig sind.)

Die Zahl der Hämoglobin-Moleküle im Körper beträgt 6×10^{21}. Mit einer ähnlich großen Zahl hat in den letzten Jahren fast jeder explizit oder implizit Bekanntschaft gemacht – gemeint ist die Zahl der verschiedenen möglichen Konfigurationen von Rubiks Zauberwürfel. Diese Zahl – nennen wir sie *Rubiks Konstante* – beträgt etwa $4{,}3 \times 10^{19}$. Um sich einen Begriff von der Größe zu machen, stelle man sich viele Würfel vor, jede Seite 2,5 Zentimeter, für jede mögliche Konfiguration einen. Und nun schütte man sie über die Fläche der Vereinigten Staaten aus. Wie dick wären die USA mit Würfeln bedeckt? Wenn Sie sogar bei Rubiks »Supergruppe« mitmachen, wo die Richtungen der Zentren der einzelnen Seiten eine Rolle spielen, dann ist Rubiks »Superkonstante« 2,048 mal größer oder etwa 9×10^{22}!

Die *Ideal Toy Corporation* – der amerikanische Vertreiber des Würfels – war viel bescheidener als McDonald's. Auf ihrer Packung gab sie lediglich an: »Über drei Milliarden Kombinationen möglich« – selten habe ich eine so rührende und euphemistische Unterschätzung gehört. Das ist das erste Mal, daß ich ein seichtes Schlafliedchen gehört habe, das statt einer Popmelodie eine Popzahl verhunzt. Schauen Sie mal folgendes an, nur zum Vergleich:

1) »Sie kommen jetzt nach San Francisco – Bevölkerung größer als 1.«

2) »McDonald's – über 2 serviert.«
3) »Zusammen halten die Supermächte 3 Pfund TNT für jeden menschlichen Erdbewohner bereit.«

Nummer 1 liegt um einen Faktor von etwa einer Million oder sechs Größenordnungen (Zehnerfaktoren) daneben. Nummer 2 liegt um einen Faktor von etwa zehn Milliarden (zehn Größenordnungen) daneben, während Nummer 3 (kürzlich in einem Leserbrief des *Bulletin of the Atomic Scientists* gesehen) um einen Faktor von etwa tausend (drei Größenordnungen) zu klein ist.

Die Zahl der Hämoglobinmoleküle und Rubiks Superkonstante sind nun *wirklich* groß. Wie wäre es mit einigen kleineren großen Zahlen, um einen Moment wieder auf die Erde zurückzukommen? Schön, was meinen Sie, wie viele Leute in diesem Moment mit dem Fallschirm auf die Erde springen? Wie viele deutsche Wörter kennen Sie? Wie viele Morde gibt es jährlich im Bezirk Los Angeles? In Japan? Bestürzend, wenn man die beiden letzten Zahlen nebeneinanderstellt: im Bezirk Los Angeles etwa 2000, in Japan etwa 900.

Unter den jährlichen Toten gibt es eine Zahl, die wir meistens unter den Teppich kehren: knapp 9000 Tote im Straßenverkehr, allein in der Bundesrepublik Deutschland. Nimmt man die restliche Welt hinzu, so sind es wahrscheinlich 10- oder 20mal soviel. Können Sie sich vorstellen, wie wir reagieren würden, wenn heute jemand käme und sagte: »Hört mal zu! Ich habe da eine tolle Erfindung. Sie hat nur den kleinen Haken, daß sie jedes Jahr eine deutsche Bevölkerung von der Größe einer Kleinstadt auslöscht. Aber wartet doch! Nicht weglaufen! Der Rest der Bevölkerung wird begeistert sein, Ehrenwort!« Die Autoverkehrsstatistik ist ziemlich genau. Und doch hören wir kaum jemanden die Parole rufen: »Nur kein Auto ist ein gutes Auto!« Wie viele Aufkleber »Autos, nein danke!« haben Sie gesehen?

9000 Tote machen uns anscheinend nichts aus. Und dabei geht etwa die Hälfte aller Unfälle auf Trunkenheit am Steuer zurück. Warum geht Ihnen da nicht der Hut hoch?

Bringen wir noch ein wenig mehr Licht in die Sache. Also, Licht z. B. besteht aus Photonen. Wie viele Photonen pro Sekunde sendet eine 100-Watt-Birne aus? Etwa 10^{30} – wieder ein Riese. Ist die Zahl der Sandkörner auf einem Strand größer oder kleiner? Was für ein Strand? Sagen wir ein Streifen Strand von 1,6 km Länge, 30 m Breite und 180 cm Tiefe. Was würden Sie schätzen? Und nun rechnen Sie es aus. Wollen Sie es auch einmal mit der Anzahl der Wassertropfen im Atlantik versuchen? Oder der Anzahl von Fischen im Ozean? Was gibt es mehr: Fische im Meer oder Ameisen auf der Erde? Atome in einem Grashalm oder Grashalme auf der Erde? Grashalme oder Insekten? Blätter an einer Eiche oder Haare auf einem menschlichen Kopf? Wie viele Regentropfen pro Sekunde kommen bei einem Wolkenbruch auf Ihre Stadt herunter?

Wie viele Kopien der Mona Lisa sind jemals gedruckt worden? Versuchen wir das einmal zusammen. Wahrscheinlich wird sie im Jahr dutzendmal in Zeitschriften reproduziert. Nehmen wir im Durchschnitt an, jede Zeitschrift hat eine Auflage von 100 000 Stück. Das macht eine gute Million Kopien pro Jahr in deutschen Zeitschriften. Dann gibt es aber noch Bücher, Prospekte und andere Veröffentlichungen. Vielleicht sollten wir die Zahlen verdreifachen oder vervierfachen. Um die anderen Länder zu berücksichtigen, können wir sie noch einmal mit 20 oder 30 multiplizieren. Jetzt sind wir bei 100 Millionen Kopien im Jahr. Nehmen wir an, das gälte für jedes Jahr dieses Jahrhunderts. Das würde beinahe zehn Milliarden Kopien der Mona Lisa machen! Ein ganz schönes Mem, was? Wahrscheinlich haben wir uns hier und da verhauen, aber innerhalb eines Faktors von zehn müßten wir schon hinkommen.

»Innerhalb eines Faktors von *zehn«?!* Vorhin sagte ich, daß ein Faktor von *drei* noch verzeihlich wäre, doch jetzt gestehe ich mir selbst dreimal drei zu – eine ganze Größenordnung. Der Grund ist einfach: Wir haben es jetzt mit größeren Zahlen zu tun (10^{10} statt 10^{5}), und daher ist es zulässig. Folgende Faustregel können wir uns merken. Sagen wir, für jeden geschätzten Faktor von 100 000 ist ein Fehler des Faktors drei zulässig. Wenn wir uns also in Größenordnungen von etwa 10 Milliarden bewegen, können wir uns einen Fehlerfaktor von zehn – *eine* Größenordnung – erlauben; oder einen Fehlerfaktor von etwa 100 (*zwei* Größenordnungen), wenn wir das Quadrat dieser Zahl nehmen, das ist 10^{20}, etwa 2,5mal soviel wie Rubiks Konstante. Es wäre also verzeihlich gewesen, wenn *Ideal* gesagt hätte »Über eine *Milliarde* Milliarde Kombinationen«, denn das läge nur um den Faktor 40 daneben – etwa 1,5 Größenordnungen –, was sich bei solch riesigen Zahlen in unseren Grenzen hält.

Warum sollen wir uns mit einer Schätzung zufriedengeben, die nur auf ein Prozent der wirklichen Zahl herankommt, oder mit einer Schätzung, die hundertmal zu groß ist? Nun, nehmen wir den Zehnerlogarithmus der Zahl – die Zahl der Nullen: wenn wir 18 sagen, anstatt – wie die richtige Antwort hieße – 20, liegen wir nur zehn Prozent daneben! Aber wie kommen wir dazu, die Größe selbst mit einer Handbewegung wegzuschieben und zu ihrem Logarithmus überzuwechseln (ihrer Größenordnung)? Nun, bei solch großen Zahlen bleibt uns keine andere Wahl. Unsere Wahrnehmungsrealität beginnt sich zu verschieben. Wir *können* uns einfach diese Quantität nicht visuell vorstellen. Dafür tritt die Ziffernfolge – die Reihe der Nullen – in den Vordergrund: Unsere Wahrnehmungsrealität wird zu der von mehrstelligen Zahlen. Wann tritt dieser Ebenenwechsel ein? Dann, wenn wir die richtige Größenordnung einer Ansammlung mit unserem geistigen Auge nicht mehr erkennen können. Für mich beginnt diese Wahrnehmungsgrenze bei ungefähr 10^4 – die Größenordnung des Treibholzstaus auf der Photographie. Dieser Übergang ist sehr wichtig. Er ist eine der Schlüsselthesen dieses Artikels.

Man kann 10^4 auch anders fassen, z. B. als die Zahl der Konservendosen, die im Supermarkt ein Regal von 15 Metern füllen. Größere Zahlen kann ich einfach nicht wahrnehmen. Die Zahl der Kacheln, mit denen der Lincoln-Tunnel zwischen Manhattan und New Jersey ausgekleidet ist, ist so enorm, daß ich sie mir nur schwer veranschaulichen kann. (Sie bewegt sich in der Größenordnung von einer Million, wie man sich ausrechnen kann, auch wenn man sie nie gesehen hat.) Irgendwo zwischen 10^4 und 10^5 setzt meine Vorstellungskraft aus und wird durch die sekundäre Realität der Ziffernzahl ersetzt (oder bis zu einem gewissen Grad durch Zahlennamen wie »Million«, »Milliarde« und »Billion«). Warum das gerade hier passiert und nicht bei, sagen wir, 10 Millionen oder 1000, muß mit der Evolution und der Rolle, die die Wahrnehmung großer Ansammlungen für das Überleben spielt, zu tun haben. Das ist eine philosophisch faszinierende Frage, aber ich kann nicht hoffen, sie hier zu beantworten.

Als eine gute Faustregel können wir jedenfalls festhalten: Die Schätzung sollte sich innerhalb zehn Prozent der richtigen Antwort bewegen – aber das bezieht sich nur auf die *Ebene der Wahrnehmungsrealität.* Wer daher bei Rubiks Zauberwürfel auf 10^{18} Stellungen getippt haben sollte, ist entschuldigt, denn 18 ist ziemlich nahe bei 19,5, was ungefähr die Anzahl der Stellen ist. (Man bedenke, daß – grob gesprochen – die Rubiksche Konstante $4{,}3 \times 10^{19}$ beträgt oder 43 000 000 000 000 000 000. Der maßgebende Faktor von 4,3 zählt etwas mehr als eine halbe Ziffer, da jeder Faktor von 10 eine *ganze* Ziffer ausmacht, während ein Faktor von 3,16, die Wurzel aus 10, eine *halbe* Ziffer ausmacht.)

Sollte man es mit millionen- oder milliardenstelligen Zahlen zu tun bekommen, wären selbst die Ziffern (die riesigen Ziffernketten) nicht mehr wahrnehmbar, und man wäre gezwungen, zu ihrer Wahrnehmung einen weiteren Abstraktionsschritt zu vollziehen – zu der Zahl, die die Ziffern in der Zahl zählt, die die Ziffern in der Zahl zählt, die die betreffenden Objekte zählt. Unnötig zu sagen, daß diese Wahrnehmungsrealität dritter Ordnung höchst abstrakt ist. Außerdem kommt sie, selbst in der Mathematik, sehr selten vor. Trotzdem könnte man noch weit über sie hinausgehen. In unserer abstrakten Einbildung gibt es keine Hindernisse, um von einer Wahrnehmung vierter oder fünfter Ordnung zu einer solchen zehnter, hundertster oder millionster Ordnung fortzuschreiten.

Spätestens dann hätten wir allerdings keinen *genauen* Überblick mehr über die Zahl der gewechselten Ebenen, und wir würden uns mit ihrer bloßen *Schätzung* zufriedengeben (auf zehn Prozent genau, natürlich). »Na, ich würde sagen, hier sind etwa zwei Millionen Ebenenwechsel der Wahrnehmung drin, ein paar hunderttausend auf- oder abgerechnet«, so würde jemand reden, der mit solch unvorstellbar unvorstellbaren Mengen zu tun hätte. Man sieht, wohin das führt: zu vielfältigen Abstraktionsebenen in der Rede über vielfältige Abstraktionsebenen. Wenn wir unsere Diskussion auch nur eine Zillisekunde fortführen würden, befänden wir uns schon mittendrin in der Theorie rekursiver Funktionen und algorithmischer Komplexität. Und das wäre zu abstrakt. Also laßt uns das Thema hier abbrechen.

Verbunden mit dieser Idee riesiger Ziffernzahlen, aber greifbarer, ist die Berechnung der berühmten π-Konstante. Wie viele Stellen sind bis jetzt maschinell errechnet worden? Soviel ich weiß: eine Million. Jemand in Frankreich hat das vor ein paar Jahren gemacht. Die Million Ziffern füllt ein ganzes Buch. (Anmerkung von 1986: Auch das wurde mittlerweile übertroffen. Man ist jetzt bei etwa 32 Millionen angelangt. Ob in den USA oder Japan, weiß ich nicht genau.) Wie viele von dieser Million Ziffern kann man im Kopfe behalten? Angeblich 20 000, nach dem letzten *Guinness-Buch der Rekorde.* Als irrer Schüler habe ich einmal 380 Ziffern von π auswendig gelernt. In meinem unbefriedigten Ehrgeiz wollte ich jenen Punkt erreichen – in der Dezimalausbreitung die 762. Stelle –, wo es mit 999999 weitergeht, so daß ich die π-Konstante laut hätte aufsagen können, bis ich zu diesen sechs Neunern gekommen wäre, um dann mit einem verschmitzten »und so weiter« aufhören zu können. Später habe ich Leute kennengelernt, die mich übertrafen (obwohl niemand von ihnen bis zu dieser Neunerreihe gekommen war). Die meisten Ziffern, die wir einmal auswendig gelernt hatten, hatten wir alle wieder vergessen, doch hatten wir die ersten 100 noch gut im Kopf, und manchmal haben wir sie gemeinsam aufgesagt – ein ziemlich esoterisches Vergnügen.

Was würden Sie denken, wenn jemand behauptete, er könnte das ganze Buch mit der einen Million π-Ziffern auswendig? Ich würde die Behauptung glatt zurückweisen. Ein Student erzählte mir einmal allen Ernstes, Jerry Lucas, der Gedächtniskünstler und Basketballstar, könnte das ganze Telefonbuch von Manhattan auswendig. Das ist ein gutes Beispiel für die Leichtgläubigkeit, die von mangelnder Zahlenkenntnis kommt. Haben Sie eine Vorstellung davon, was es heißt, das Telefonbuch von Manhattan auswendig zu lernen? Mir scheint hier die Glaubwürdigkeit um etwa zwei Größenordnungen überschritten. Es muß schon sagenhaft schwer sein, eine einzige Seite auswendig zu lernen. Zehn Seiten – das bewegt sich schon am Rande der Glaubwürdigkeit. Übrigens scheinen mir zehn Seiten des Telefonbuches äquivalent zu sein zu der auswendig gelernten Bibel (auch etwas, das irgend jemand gemacht haben will). Denn die geschriebene Sprache ist sehr redundant, und das Weltgeschehen von gleichartiger Struktur. Aber 1500 dicht bedruckte Seiten von Telefonnummern, Adressen und Namen im Kopf zu behalten, das liegt jenseits aller Vorstellungskraft. Ich will einen Besen fressen, wenn ich im Unrecht bin – ach nein, all meine 10 000 Besen.

Es gibt Phänomene, die man an zwei (oder mehreren) Maßstäben gleich gut messen kann, je nach Bedarf. Man nehme etwa die Tonhöhe in der Musik. Die Klaviatur ist eine lineare Skala, auf der jeder Ton gemessen werden kann. So sagt man: »Dieses A ist neun Halbtöne höher als dieses C, und das C ist sieben Halbtöne höher als dieses F, also ist das A 16 Halbtöne höher als das F.« Wir haben es mit einer additiven oder linearen Skala zu tun. Das heißt, wenn man die Reihe ganzer Zahlen der Notenreihe zuordnet, dann wird der Abstand zwischen den Noten durch ihre Zahlenunterschiede wiedergegeben. Im Spiel sind nur Addition und Substraktion.

Will man aber die Dinge eher akustisch als auditiv, eher physikalisch als perzeptiv auffassen, dann wird die Tonhöhe besser durch ihre *Frequenz* als durch ihre Stellung auf der Klaviatur wiedergegeben. Das tiefe A am Anfang der Klaviatur schwingt etwa 27mal pro Sekunde, während das C drei Halbtöne darüber etwa 32mal pro Sekunde schwingt. Man könnte denken, um drei Halbtöne hochzuklettern, müßte man also immer fünf Schwingungen pro Sekunde addieren. Falsch. Man muß statt dessen immer mit 32/27 *multiplizieren.* Zwölf Halbtöne hochzuklettern, bedeutet vier wiederholte Sprünge von drei Halbtönen.

Wenn man also eine Oktave (zwölf Halbtöne) hochgeklettert ist, dann ist die Tonhöhe viermal hintereinander mit 32/27 multipliziert worden, was 2 ergibt. In Wirklichkeit ist die vierte Potenz von 32/27 nicht ganz 2, und da eine Oktave ein Verhältnis von *genau* 2 darstellt, muß 32/27 eine leichte Unterschätzung sein. Doch darauf kommt es jetzt nicht an. Wichtig ist: Um eine Frequenz zu vergleichen, muß man multiplizieren und dividieren, während Addition und Substraktion die natürlichen Operationen für die Notenzahlen auf einer Klaviatur ausmachen. Was bedeutet, daß die Notenzahlen Logarithmen der Frequenzen sind. Hier ist der Fall eines natürlichen logarithmischen Denkens gegeben!

Die Sache kann auch anders dargestellt werden. Zwei benachbarte Töne an der Spitze der Klaviatur differieren in der Frequenz um etwa 400 Schwingungen pro Sekunde, während benachbarte Töne an der Basis nur um etwa zwei Schwingungen pro Sekunde differieren. Müßte das nicht bedeuten, daß die Intervalle deutlich verschieden sind? Und dennoch klingen dem menschlichen Ohr das hohe und das tiefe Intervall genau gleich!

Wo immer man eine lineare Steigerung wahrnimmt, obwohl das Ding selbst sich im Umfang verdoppelt, ist logarithmisches Denken im Spiel. Haben Sie sich zum Beispiel jemals darüber gewundert, daß bloße sieben Ziffern ausreichen, um in der 10-Millionen-Stadt New York jedes Telefon mit jedem anderen zu verbinden? Und wenn sich nun die New Yorker Bevölkerung verdoppelte? Müßte man dann an jede Telefonnummer sieben weitere Ziffern anhängen, um diese 20 Millionen Menschen zu erreichen? Natürlich nicht. Sieben weitere Ziffern anzuhängen, hieße die Zahl der Möglichkeiten mit 10 Millionen zu *multiplizieren.* Allein schon durch den Zusatz von drei Ziffern (die Vorwahl) kann man jede Telefonnummer in Nordamerika erreichen. Einfach, weil jede neue Ziffer einen zehnfachen Zuwachs an erreichbaren Telefonnummern bedeutet. Drei Ziffern mehr bedeuteten, das Netz mit 1000 zu multiplizieren: drei Größenordnungen. Also ist die Länge einer Telefonnummer – jener sichtbare Rattenschwanz von Zahlen, durch den man sich vor jedem Ferngespräch durchwählen muß – ein logarithmischer Maßstab für die Größe des Netzes, an das man angeschlossen ist. Riesige Kenn-Nummern mit 25 oder 30 Ziffern für Menschen oder Produkte sind daher lächerlich, da einige wenige Ziffern vollauf genügen.

Neulich bekam ich eine Rechnung mit der Aufforderung, eine Gebühr auf ein jugoslawisches Konto zu überweisen. Die Konto-Nummer lautete 60802-620-1-1-721000-421-01062. Eine absurdere Nummer war mir im Geschäftsverkehr noch nicht untergekommen. Kürzlich jedoch bekam ich für meinen neuen Wagen die Zulassungspapiere, an deren Fuß jene erhellende Konstante zu finden war: 010101361218200301070014263117244 151200360360003000 2. Sicherheitshalber folgte einige freie Spalten weiter die Zahl 19283.

Ein Gebiet, wo wir logarithmisch denken, sind die Zahlennamen. Im Deutschen haben wir nach jeweils drei Nullen (bis zu einem gewissen Punkt) einen neuen Namen: von *Tausend* zu *Million* zu *Milliarde* zu *Billion*. In gewissem Sinn ist jeder Sprung »gleich groß«. Das heißt, eine Milliarde ist ebensoviel größer als eine Million, wie eine Million größer ist als ein Tausend. Oder eine Billion verhält sich zu einer Milliarde wie eine Milliarde zu einer Million. Geht das aber immer so fort? Hat es z. B. Sinn zu sagen, 10^{103} verhält sich zu 10^{100} wie eine Million zu eintausend? Ich neige dazu zu sagen: »Nein, diese riesigen Zahlen sind annähernd gleich groß, während eintausend und eine Million sehr verschieden sind.« Was die Sache etwas schwierig macht, das sind die Verschiebungen in der Wahrnehmungsrealität.

Jedenfalls scheint es, als gingen uns die Zahlennamen bei etwa einer Trilliarde aus. Natürlich gibt es für größere Zahlen auch offizielle Namen, aber die sind in etwa so bekannt wie die Namen ausgestorbener Dinosaurier: Quadrillion, Oktillion, Vigintillion, Brontosillion, Trikeratillion und so weiter. Sie sind uns einfach nicht geläufig, weil sie vor einer Dinosillion Jahren ausstarben. Wie ich oben erwähnte, stellt sogar der Ausdruck »Milliarde« ein zwischenkulturelles Problem dar. Man stelle sich das Durcheinander vor, wenn in Großbritannien »hundred« 1000 bedeuten würde? Wenn die Zahlen zu groß werden, macht eben die menschliche Vorstellungskraft nicht mehr mit. Trotzdem ist es schade, daß die größte Zahl mit einem allgemeingebräuchlichen Namen (zumindest im Deutschen) eine Trilliarde ist. Was passiert, wenn der Verteidigungshaushalt noch weiter anschwillt? Werden wir dann noch blinder werden? Freilich, wie die Dinosaurier werden wir nicht mehr das Vergnügen haben, uns mit diesem Problem auseinanderzusetzen.

Der Fortschritt in der Schnelligkeit automatischer Rechenprozesse wird am besten logarithmisch dargestellt. In den letzten Jahrzehnten hat sich die Zahl der einfachen Operationen (wie Addition und Multiplikation), die ein Computer pro Sekunde ausführen kann, alle sieben Jahre verzehnfacht. Heute sind wir bei etwa 100 Millionen Operationen pro Sekunde angelangt, bei den avanciertesten Maschinen noch etwas mehr. Um 1975 waren es etwa 10 Millionen Operationen pro Sekunde. In den späten sechziger Jahren waren eine Million Operationen pro Sekunde noch extrem schnell. In den frühen sechziger Jahren waren es 100 000 Operationen pro Sekunde. 10 000 waren viel in der Mitte der fünfziger Jahre, 1000 Ende der vierziger – und am Anfang der vierziger waren es 100.

Anfang der vierziger Jahre leitete Nicholaus Fattu ein Team an der University of Minnesota, das im Auftrag der

Luftwaffe an statistischen Berechnungen mit großen Matrizen (etwa 60 × 60) arbeitete. Er brachte etwa 10 Leute in einem Raum zusammen und gab jedem einen Monroematic-Tischrechner. Zehn Monate saßen diese Leute in koordinierter Arbeit zusammen, führten ihre Rechnungen aus, kontrollierten gegenseitig ihre Resultate. Zwanzig Jahre später wiederholte Professor Fattu aus reiner Neugierde dieselbe Rechnung auf einem IBM 704 und brauchte dazu zwanzig Minuten. Dabei entdeckte er zwei Fehler, die dem damaligen Team unterlaufen waren. Mit einem Großrechner kann man das heute natürlich in ein, zwei Sekunden erledigen.

Doch auch moderne Computer stoßen leicht an ihre Grenzen. Der berüchtigte Computer-Beweis des Vier-Farben-Theorems, der vor ein paar Jahren an der University of Illinois durchgeführt wurde, brauchte 1200 Stunden Rechenzeit. In Tage umgerechnet, klingt es noch imposanter: 50 volle 24-Stunden-Tage. Bei zwanzig Millionen Operationen pro Sekunde käme der Computer auf 10^{11} oder 100 Milliarden einfache Operationen – ein paar hundert auf jede Zigarette, die pro Jahr in den USA geraucht wird. Uff!

Bei einer Milliarde Operationen pro Sekunde käme ein Computer ganz schön in Schwung. Das wäre, als wollte man eine Sekunde in ebenso viele winzige Momente aufsplittern, wie es Sekunden in 30 Jahren gibt. Denn so winzig ist eine Nanosekunde – eine Milliardstel Sekunde. Für einen Computer ist eine Sekunde wie ein Leben! Natürlich, im Vergleich zu den Vorgängen innerhalb der Atome, aus denen der Computer zusammengesetzt ist, ist dieser eine Schlafmütze. Nehmen wir ein Atom. Ein typisches Elektron, das um einen typischen Kern kreist, vollführt etwa 10^{15} Umdrehungen in der Sekunde, das sind eine Million Umdrehungen in der Nanosekunde. Aus der Sicht des Elektrons bewegt sich der Computer im Schneckentempo.

Ein Elektron verhält sich eigentlich doppelt. Es hat eine *Umlauf*periode und eine *Rotations*periode, da es sich um seine eigene Achse dreht. Auf der Quantenebene freilich ist »drehen«, strenggenommen, nur eine Metapher, so daß das Folgende nicht allzu wörtlich zu nehmen ist. Nichtsdestotrotz, wenn man sich ein Elektron wie eine klassische (nichtquantenmechanische) Kugel, die sich dreht, vorstellt, dann kann man seine Rotationszeit aus seinem bekannten Spindrehimpuls (etwa Plancks Konstante oder 10^{-34} Joule-Sekunden) und seinem Radius (der mit seiner Compton-Wellenlänge gleichgesetzt werden kann, das sind etwa 10^{-20} Zentimeter) berechnen. Die Drehzeit beträgt dann etwa 10^{-20} Sekunden. Mit anderen Worten, jedesmal, wenn der superschnelle Computer zwei Zahlen addiert, hat sich jedes Elektron darin 100 Milliarden mal um seine eigene Achse gedreht. (Nähmen wir statt dessen den sogenannten »klassischen Radius« des Elektrons, dann würde sich das Elektron etwa 10^{24} mal pro Sekunde drehen – genug, daß es einem schwindelig wird. Da jedoch diese Darstellung sowohl die Relativität als auch die Quantenmechanik verletzt, bleiben wir lieber bei der ersten Darstellung.)

Am anderen Ende des Spektrums haben wir den langsamen, erhabenen Wirbel unserer Milchstraße, die sich gemächlich etwa alle 200 Millionen Jahre einmal dreht. Und innerhalb des Sonnensystems braucht der Planet Pluto etwa 250 Jahre, um einen Sonnenumlauf zu vollenden. Was die Sonne betrifft: sie mißt etwa 1 600 000 Kilometer im Durchmesser und hat eine Masse in der Größe von etwa 10^{30} Kilogramm. Dagegen ist die Erde mit ihren 10^{24} Kilogramm ein Federgewicht. Nicht zu vergessen einige Sterne – die roten Giganten –, die von solchem Durchmesser sind, daß sie die Umlaufbahn des Jupiter umfassen würden. Solche Sterne sind natürlich sehr locker und fein, wie Zuckerwatte in kosmischen Dimensionen. Im Gegensatz dazu sind einige Sterne –

Neutronensterne – so massiv, daß ein aus ihnen entnommener Würfel von einem Millimeter Seitenlänge in seiner Masse einer halben Million Tonnen gleichkäme, das ist die Masse des schwersten Öltankers, der je gebaut wurde – vollbeladen!

Diese großen und kleinen Zahlen liegen so jenseits unserer Vorstellungskraft, daß es praktisch unmöglich ist, noch weiter erstaunt zu sein. Die Zahlen sind schlechthin unbegreiflich – es sei denn, man hat ein Gefühl für Exponenten entwickelt. Und selbst mit diesem Gefühl ist es schwer, dem so ungeheuer großen und gleichzeitig so ungeheuer fein gefügten Universum die ihm gebührende Bewunderung zu zollen. Heutzutage setzt die Zahlenblindheit schon früh ein. Die meisten Leute zeigen sich von Wörtern wie »Milliarde« oder »Billion« völlig unbeeindruckt. Sie bedeuten für sie praktisch dasselbe.

Das mußte ich wieder einmal schmerzlich erfahren, kurz nachdem ich einen Entwurf für diese Kolumne fertiggestellt hatte. Ich las gerade die Zeitung und stieß auf einen Artikel über Nervengas. Darin stand, daß Präsident Reagan die Ausgaben für Nervengas 1983 auf 800 Millionen und 1984 auf 1,4 Milliarden Dollar erhöhen werde. Ich war entsetzt, aber schon dankbar, daß es nicht 10 oder 100 Milliarden Dollar waren. Dann schämte ich mich plötzlich. Der Kerl hat wirklich Nervengas! Wie konnte ich angesichts von »bloßen« 1,4 Milliarden *erleichtert* sein? Wie konnte ich in meinen Gedanken so weit von der Wirklichkeit abkommen? Eine Milliarde für Nervengas – das ist nicht nur betrüblich, das ist abscheulich. Wir können es uns einfach nicht leisten, noch zahlenblinder zu werden, als wir es eh schon sind. Wir müssen uns aus unserer Apathie herausreißen lassen, denn das sind schon keine schlechten »Witze« mehr.

Hier steht das Überleben unserer Gattung auf dem

Spiel. Mir ist es egal, ob die Zahl der Moskitos in Afrika größer oder kleiner ist als die der Pfennige im Bruttosozialprodukt. Oder ob es mehr Gletscher im Toten Meer gibt als Skorpione in der Antarktis. Mir ist es egal, wie hoch ein Stapel von einer Milliarde Dollarscheinen ist (ein Bild, das Präsident Reagan in einer Rede gebrauchte, mit der er die von seinen Vorgängern verursachte Staatsverschuldung beklagte). Mir geht es auch nicht im mindesten um die sinn- und witzlose Darstellung riesiger Größen. *Nicht* egal ist es mir allerdings zu wissen, was eine Milliarde Dollar an Kaufkraft *darstellt:* Mittagessen für alle New Yorker Schulkinder für ein Jahr, hundert Büchereien, fünfzig Jumbo-Jets, der Haushalt einer großen Universität für ein paar Jahre, ein Schlachtschiff und so weiter. Dennoch, wenn man (wie ich) ein Liebhaber von Zahlen ist, kann man nicht umhin, die Trennlinie zwischen Zahlenspielerei und ernsthaftem Denken zu verwischen. Denn ein verrücktes Bild kann ziemlich schnell in ein ernsteres umschlagen. Mit frivoler Zahlenspielerei jedoch, so amüsant sie auch sein mag, hat dieser Artikel nichts im Sinn.

Ich hoffe nicht, daß dieser Artikel dazu gedient hat, ein paar neue Gags für die nächste Fete zu liefern, sondern daß er das Bewußtsein für die Bedeutung großer Zahlen geschärft hat. Was ich möchte, ist, daß die Leute die sehr reale Konsequenz jener sehr surrealen Zahlen zu begreifen lernen, die in den Zeitungsschlagzeilen herumfliegen wie die austauschbaren Namen der Filmstars in den Skandalblättern. *Nur deswegen* habe ich auch all die etwas komischeren Beispiele gebracht. Im Grunde beschäftigen wir uns mit Fragen der Wahrnehmungstheorie, nur daß es bei diesen Fragen um Leben und Tod geht!

Im Prinzip ist es nicht schwer, gegen die Zahlenblindheit anzugehen. Man muß sich nur an eine zweite Bedeutungsschicht *kleiner* Zahlen gewöhnen – namentlich an die Bedeutung von Zahlen zwischen, sagen wir, fünf und zwanzig, soweit sie als Exponenten gebraucht werden. Es wäre schon revolutionär, wenn die Zeitungen dazu übergingen, große Zahlen in Zehnerpotenzen auszudrücken. Zu wissen, daß eine Zahl zwölf Nullen hat, ist *konkreter,* als zu wissen, daß sie eine »Billion« genannt wird.

Nehmen wir die Zahlen »314 159 265 358 979« und »271 828 182 854«: Ich möchte wissen, wieviel Prozent der Bevölkerung imstande wären zu erkennen, daß die erste Zahl etwa 1000mal größer ist als die zweite. Die meisten würden es gar nicht sehen, ja sie wären nicht einmal imstande, die Zahlen laut zu lesen. Wenn das nicht besorgniserregend ist!

Es gibt ein Buch, das diese Blindheit tapfer und phantasievoll zu bekämpfen versucht, ein Buch, das von Demut erfüllt ist angesichts der höchst erstaunlichen Größenordnungen, die wir diskutiert haben. Es heißt *Cosmic View: The Universe in Forty Jumps* (»Die kosmische Sicht: Das Universum in vierzig Sprüngen«) und stammt von dem holländischen Lehrer Kees Boeke. In seinem Buch nimmt uns Boeke auf eine imaginäre Bilderreise mit, in der jeder Sprung ein exponentieller Schritt ist, welcher in linearer Richtung den Faktor 10 bedeutet. Von unserer eigenen Größe aus geht es 26 Schritte hinauf und 13 hinunter. Wahrscheinlich ist es kein Zufall, daß das Buch von einem Holländer geschrieben wurde, da die Holländer schon lange kosmopolitisch eingestellt sind und in einem kleinen und verletzbaren Land mit vielen Sprachen und Kulturen leben. So scheint es mir charakteristisch zu sein, wenn Boeke sein Buch mit der Hoffnung beschließt, die Reise möge dazu beitragen, daß die Menschen sich ihres Platzes in der kosmischen Ordnung besser bewußt würden und dadurch die Welt näher zusammenrückte. Da ich seinen

Schluß überzeugend finde, möchte ich mit ihm dieses Kapitel beenden:

> In der kosmischen Perspektive wird der Mensch erst dann wirklich Mensch, wenn er die größte Demut und den sorgsamsten Gebrauch der kosmischen Kräfte, die ihm zur Verfügung stehen, miteinander verbindet.
>
> Das Problem jedoch ist, daß der primitive Mensch dazu neigt, die ihm gegebene Kraft für sich selbst auszunutzen, statt seine Energie und sein Leben für das Wohl der großen und wachsenden menschlichen Familie einzusetzen, die in dem begrenzten Raum unseres Universums zusammenleben muß. Für die Menschheit ist es daher eine Sache auf Leben und Tod, daß wir das Zusammenleben lernen und ohne Ansehen von Geburt und Erziehung füreinander sorgen. Bei unserem Bemühen, für das Wohl aller Menschen zu leben und zu arbeiten, darf uns kein Unterschied der Nationalität, Rasse, des Glaubens oder der Überzeugung, des Alters oder Geschlechts hindern.
>
> Es ist daher ein dringendes Bedürfnis, daß wir alle, Kinder wie Erwachsene, im Geiste dieses Zieles erzogen werden. Für die Menschheit ist es eine Pflicht, zu lernen, miteinander im gegenseitigen Respekt zu leben und ohne jede Privilegierung danach zu streben, das Glück aller zu vermehren. Das müssen unsere Erziehungsziele sein.
>
> Innerhalb dieser Erziehung ist die Entwicklung einer kosmischen Sicht ein wichtiges und notwendiges Element. Mag die Expedition, die wir in diesen »vierzig Sprüngen durch das Universum« unternommen haben, ein wenig dazu beigetragen haben, eine solch weite und allumfassende Sicht zu entwickeln. Wenn ja, hoffen wir, daß sie möglichst vielen gelinge!

Postskriptum

Zufällig stand in derselben Ausgabe des *Scientific American,* in der diese Kolumne erschien, eine kurze Meldung über das amerikanische Atomwaffenarsenal. Nach diesem Bericht, der auf Informationen des *Center for Defense Information* und des *National Resource Defense*

Council zurückgeht, stapeln sich gegenwärtig bis zu 30 000 Nuklearwaffen, von denen 23 000 einsatzfähig sind. Die Reagan-Regierung, heißt es, beabsichtige, in den nächsten 10 Jahren 17 000 neue Waffen zu bauen und etwa 7000 alte zu verschrotten. Damit würde sie das gesamte Arsenal an Atomwaffen um 10 000 erhöhen.

Damit kommen auf jeden russischen Kopf ungefähr 10 Tonnen TNT. Was aber heißt denn das nun wirklich? Eben dieselbe Frage quälte Wolf F. Fahrenbach, und er hat mir geschrieben, was er herausbekommen hat:

> Da 10 Tonnen TNT meine Zahlen-Bildung übersteigen, habe ich einen befreundeten Sprengmeister gefragt, was denn ein Pfund, zehn Pfund, 100 Pfund TNT anrichten können. Ein Pfund TNT in einem Auto tötet alle Insassen und hinterläßt ein glühendes Wrack; zehn Pfund zerstören ein durchschnittliches Vorstadthaus; und 100 Pfund, in einen alten deutschen Panzer gesteckt, schicken seinen Turm in die niedrig hängenden Wolken. Der Regierung müßte doch beizubringen sein, daß es den meisten zivilisierten Staaten genügt, jeden einzelnen ihrer Feinde zu *töten,* und daß es keinen zwingenden Grund gibt, sie auch noch zu ionisieren.

Ich fand das deswegen interessant, weil ich gerade daran dachte, daß die kürzlich durch eine Auto-Bombe in Beirut getöteten 241 Marinesoldaten in einem Haus waren, das von schätzungsweise einer Tonne TNT zum Einsturz gebracht worden war. Zehn Tonnen, gut plaziert, hätten vielleicht 2400 Todesopfer gefordert, vermute ich. Zehn Tonnen: das ist der mir zugedachte Anteil und auch der Ihre. Das ist der unfaßbare Overkill, mit dem wir es im Atomzeitalter zu tun haben.

Man kann die Sache auch so sehen: Es gibt auf der Welt etwa 25 000 Megatonnen Atomwaffen. Wenn wir »Mega« in »Million« und »Tonne« in »2000 Pfund« übersetzen, kommen wir auf ein TNT-Äquivalent von 25 000 × 1 000 000 × 2000 Pfund, das sind 50 000 000 000 000 Pfund, die sich auf uns verteilen – vielleicht nicht gleichmäßig, aber es bleibt für jeden genug übrig.

Ich schwanke, ob ich es lieber mit diesen vielen Nullen ausdrücken soll oder es bei 25 000 Megatonnen belasse. Ich darf nur nicht vergessen, was eine Megatonne wirklich bedeutet. Letztes Jahr besuchte ich Paris und bestieg den Montmartre. Von dort oben, am Fuße der Sacré-Cœur, hat man einen wunderschönen Blick auf Paris. Ich konnte es nicht lassen, meinen beiden Freunden die Freude an diesem herrlichen Panorama zu verderben, indem ich sagte: »Hmm . . . ein oder zwei gut plazierte Megatonnen – und das wär's gewesen.« Und während ich es aussprach, konnte ich es mir genau vorstellen (vorausgesetzt, daß ich ein Über-Wesen wäre, dessen Augen den Licht- und Hitzestoß, der noch greller als die Sonne ist, überleben könnten). Ich weiß, es klingt schauderhaft, aber es entsprach ganz meinen damaligen Gedanken.

Wenn man sich nun vergegenwärtigt: »Eine Megatonne bedeutet den Untergang von Paris« (oder eines passenden Äquivalents), dann wird die Rede von »25 000 Megatonnen« genauso konkret wie die lange Reihe von Nullen – ja konkreter noch. Daran zeigt sich, wie wichtig das psychologische Phänomen des *Gruppierens* für das Verständnis sonst unfaßbarer Größen ist.

Gruppieren heißt, eine Ansammlung einzelner Teile *als Ganzes* wahrzunehmen. Ein gutes Beispiel dafür ist der Unterschied zwischen 100 Pfennigen und einer Mark. Wenn wir die Kaufpreise von Autos, Häusern und Computern in Pfennigen ausdrücken müßten, kämen wir in große Not. Eine Mark hat psychologische Realität, und daher zerkleinern wir sie gewöhnlich nicht in Pfennige. Das macht diesen Begriff nützlich.

Ich finde es bedauerlich, daß der monetäre Gruppierungsprozeß bei der Mark haltmacht. Wir haben Millimeter, Zentimeter, Meter, Kilometer. Warum sollten wir nicht auch Pfennige, Mark, Riesen, Megas und Gigas haben? Wir könnten mit den Schlagzeilen der Zeitung viel mehr anfangen, wenn sie sich solcher gruppierter Einheiten bedienten – vorausgesetzt, daß wir solche Einheiten konkretisiert hätten. Wieviel ein Riese wert ist, davon haben wir einen ganz guten Begriff. Aber was kann man heute mit einer Mega oder einer Giga kaufen? Wie viele Megas braucht man, um eine Schule zu bauen? Wie viele Gigas machen einen jährlichen Staatshaushalt aus?

Zur Beantwortung dieser Fragen werden die meisten Leute zum Rechenstift greifen müssen. Solche Begriffe haben sie geistig nicht auf Lager. In einer numerisch gebildeten Gesellschaft *sollte* jeder sie aber haben. Es sollte zu einem Gemeinplatz gehören, daß eine neue Schule etwa 40 Megas kostet, ein Staatshaushalt zahlreiche Gigas beträgt und so weiter. Diese Termini sind nicht als Kürzel für »Million Mark« oder »Milliarde Mark« gedacht, ebensowenig wie »Mark« ein Kürzel für »100 Pfennige« ist. Vielmehr sollten sie eigenständige Begriffe – mentale »Knoten« – sein, an denen Informationen und Assoziationen hängen, ohne daß sie in andere Einheiten umgewandelt oder sonstwie ausgerechnet werden müßten.

Durch diese Art der Versinnlichung bestimmter großer Zahlen könnten wir ein konkreteres Verständnis dessen gewinnen, was sonst hoffnungslose Abstraktion bliebe. Vielleicht liegt es im Interesse der Bürokratien selbst, daß ihre Haushalte undurchsichtig und undurchdringlich bleiben – aber auch das gilt nur auf kurze Dauer. Langfristig kann niemandem am ökonomischen Ruin oder militärischen Selbstmord gelegen sein – nicht einmal der Rüstungsindustrie! Je durchsichtiger die Wirklichkeit ist, um so besser ist es, auf die Dauer gesehen, für alle Gesellschaften.

In unserer, der amerikanischen Gesellschaft erreicht diese Art des totalen Unverständnisses ihren Höhepunkt. Neulich schrieb der Präsident der Bucknell University, Dennis O'Brien, in der *New York Times:* »Meine eigene Universität hat gerade ein Multimilliarden Dollar schweres Computerzentrum eröffnet und ist stolz darauf, daß 90 Prozent ihrer Studienabgänger mit Computern umzugehen wissen.« Und Associated Press verteilte einen Artikel, in dem es hieß, daß die Staatsschuld der USA die Rekordhöhe von 1 143 Milliarden Dollar erreicht habe, und bezifferte dann den letzten Schuldenstand mit 1 070 241 000 Dollar. Warum also so hastig mit der Erhöhung? Selbst wenn es Druckfehler gewesen sein sollten, so verraten sie doch den grassierenden Zahlen-Analphabetismus unserer Gesellschaft.

Vielleicht denken Sie jetzt, das seien Bagatellen, über die ich mich aufrege, aber wenn das Pfuschen mit großen Zahlen in unserem Volk so sehr verbreitet ist, daß selbst viele Leute mit Universitätsbildung nicht das mindeste Gefühl für die Zahlen entwickeln, die sie in Fernsehsendungen hören, dann muß irgend etwas faul sein. Es ist eine Kombination von Zahlenblindheit, Apathie und ein Sich-Sträuben gegen die Einsicht in die Notwendigkeit neuer Begriffe.

Ein Leser, ein polnischer Flüchtling, beklagte sich in einem Brief, daß ich in meiner Schulzeit hundert Stellen der Zahl π auswendig gelernt hätte, ohne einen Gedanken an die Gesellschaft zu verschwenden, die mir solchen Luxus erlaubt habe. Im Ostblock, wollte er sagen, wäre mir die Muße zu solch dekadenten Spielereien vergangen. In meinen Augen jedoch unterscheidet sich das Auswendiglernen der Zahl π in nichts von anderen übermütigen Spielen, auf die sich Erwachsene aller Länder gerne einlassen. In einem kürzlich erschienenen Buch von Stephan B. Smith, *The Great Mental Calculators* (»Die großen Kopfrechner«) – übrigens ein wunderbares Buch –, kann man die Lebensgeschichten von Leuten nachlesen, die sich mit Zahlen noch viel besser auskannten als ich. Viele von ihnen wuchsen unter bedrückenden Umständen auf. Für sie waren Zahlen wie Spielkameraden, Freunde, die ihnen das Leben retteten. Für sie wäre das Auswendiglernen der Zahl π nicht dekadent gewesen, sondern eine Quelle der Freude und des Sinns. Als Junge hatte ich nun von einigen dieser Leute gelesen, und ich bewunderte, ja beneidete ihre Fähigkeiten. Das Auswendiglernen von π war keine isolierte Sache, sondern stand im Zusammenhang meines Bemühens um einen flüssigen Umgang mit Zahlen. Schließlich wollte ich es doch den Rechengenies nachmachen! Das hat mir zweifellos geholfen, ein tieferes Verständnis für Zahlen aller Größenordnungen, eine größere Einsicht zu gewinnen und durch gewisse Vermittlungen hindurch auch ein Vorstellungsvermögen dafür, was die Regierungen unserer Erde – im Westen wie im Osten – dabei sind zu tun.

Aber es mag direktere Wege zu diesem Ziel geben. Interessierten Lesern kann ich z. B. eine sehr einfache Methode empfehlen, sich selbst in Zahlen zu bilden. Sie brauchen nur ein Blatt Papier, auf dem sie die Zahlen von 1 bis 20 aufschreiben. Dann sollten sie sich ein paar große Zahlen überlegen, die ihnen von Bedeutung sind, und versuchen, sie innerhalb einer (oder, bei größeren, zwei) Größenordnungen zu schätzen. Mit »schätzen« meine ich einen groben Überschlag im Kopf, der alles bis auf Zehnerfaktoren vernachlässigt. Dann sollten sie die Vorstellung mit der geschätzten Zahl verbinden. Hier einige Muster für große Zahlen:

* Wie groß ist das Bruttosozialprodukt von Kalifornien?
* Wie viele Menschen sterben täglich auf der Welt?
* Wie viele Ampeln gibt es in Frankfurt?

* Wie viele Jausenstationen gibt es in Österreich?
* Wie viele Kilometer werden jeden Tag im Linienflugverkehr in der Bundesrepublik verflogen?
* Wie viele Bücher gibt es in der Staatsbibliothek in Berlin?
* Wie viele Noten spielt ein Konzertpianist während seiner ganzen Laufbahn?
* Wie viele Quadratkilometer hat die Bundesrepublik? Wie viele haben Sie schon durchquert?
* Wie viele Silben sind seit dem Jahr 1400 von Menschen gesprochen worden?
* Wie viele Fußballspiele werden jährlich in der Bundesrepublik gespielt?
* Wie viele Maschen hat ein Strumpf?
* Wie viele Schriftzeichen muß man kennen, um eine chinesische Zeitung lesen zu können?
* Wie viele Spermien sind in einem Ejakulat?
* Wie viele Adler gibt es in der Schweiz?
* Wie viele bewegliche Teile gibt es im Columbia Space Shuttle?
* Wie viele Deutsche heißen »Boris Becker«? »Steffie Graf«?
* Wieviel Öl wird jährlich aus der Erde gefördert?
* Wie viele Tonnen Öl Reserve hat die Welt noch?
* Wieviel Kohlenmonoxyd dringt durch die Autoabgase jährlich in die Atmosphäre?
* Wie viele grammatisch sinnvolle Zehn-Wörter-Sätze gibt es im Deutschen?
* Wie lange brauchte der 5-m-Spiegel des Palomar-Teleskops, um abzukühlen?
* Unter welchem Winkel, vom Sirius aus gesehen, verläuft die Erdumlaufbahn?
* In welchem Winkel steht die Andromeda-Milchstraße der Erde gegenüber?
* Wie viele Herzschläge lebt ein durchschnittliches Lebewesen?

* Wie viele Insekten (von wie vielen Arten) existieren im Moment?
* Wie viele Giraffen gibt es jetzt? Tiger? Strauße? Taschenkrebse? Quallen?
* Wie groß sind Druck und Temperatur am Grunde des Ozeans?
* Wie viele Tonnen Müll produziert die Stadt Wien täglich?
* Wie viele Briefe hat Goethe in seinem Leben geschrieben?
* Wie viele Schrifttypen sind für das lateinische Alphabet erfunden worden?
* Wie schnell bewegen sich Meteore durch die Atmosphäre?
* Wie viele Stellen hat die Fakultät von 720?
* Wieviel ist ein Barren Gold wert?
* Wie viele Barren Gold liegen im Fort Knox? Wieviel sind sie wert?
* Wie schnell wachsen Ihre Weisheitszähne (sagen wir, in Stundenkilometern)?
* Wie schnell wächst Ihr Haar (auch in Stundenkilometern)?
* Wie schnell sinkt Venedig?
* Wie weit sind eine Million Meter? Eine Milliarde Zentimeter?
* Wie schwer ist das Empire State Building? Oder der Kölner Dom? Oder ein vollbeladener Jumbo-Jet?
* Wie viele Verkehrsflugzeuge starten jedes Jahr auf der Welt?

Die Beispiele mögen genügen. Die Hauptsache ist, diese Zahlen von 1 bis 20, gesehen als Exponenten, mit irgend etwas Konkretem zu verbinden. Sie sind wie Geschichtszahlen. Ein Datum wie »1685« mag Ihnen am Anfang wenig bedeuten. Wenn Sie aber Musik lieben und entdekken, daß Bach in diesem Jahr geboren wurde, dann werden Sie es sofort behalten. Genauso ist es mit der sekundären Bedeutung kleiner Zahlen. Ich verspreche keine Wunder, aber vielleicht können Sie sich in Ihrer eigenen Zahlen-Bildung verbessern und auch anderen dabei helfen. Frohes Zählen!

Einführung

»Mathematik war immer mein schlechtestes Fach in der Schule.«

»Eine Million Dollar, eine Milliarde, eine Billion, was auch immer. Es spielt keine Rolle, solange wir mit dem Problem umgehen können.«

»Jerry und ich fahren nicht nach Europa, wegen all der Terroristen dort.«

Die Unfähigkeit, in ausreichender Weise mit den fundamentalen Begriffen von Zahl und Wahrscheinlichkeit zurechtzukommen, plagt viel zu viele ansonsten recht gebildete Menschen. Dieselben Leute, die zusammenzukken, wenn Wörter wie ›implizieren‹ und ›indizieren‹ verwechselt werden, zeigen nicht einmal bei den ungeheuerlichsten Verstößen gegen numerisches Denken die mindeste Regung. Einst hörte ich auf einer Party jemanden ausführlich über den Unterschied zwischen ›ständig‹ und ›beständig‹ dozieren. An jenem Abend sahen wir zu später Stunde die Nachrichten im Fernsehen und erfuhren durch die Wettervorhersage, daß es am Samstag mit fünfzigprozentiger Wahrscheinlichkeit und am Sonntag ebenfalls mit fünfzigprozentiger Wahrscheinlichkeit regnen werde –

woraus der Sprecher den Schluß zog, es gebe am Wochenende mit hundertprozentiger Wahrscheinlichkeit Regen. Der selbsternannte Logiker schien diese Vorhersage jedoch völlig in Ordnung zu finden. Und selbst nachdem ich ihm den Fehler deutlich gemacht hatte, war er nicht annähernd so entrüstet, wie er es gewesen wäre, hätte der Meteorologe ein falsches Partizip gebraucht. Doch im Unterschied zum Umgang mit anderen Fehlern, die man kaschiert, brüsten sich viele sogar mit ihrer Zahlenschwäche: »Ich komme nicht einmal mit meinem Scheckbuch klar.« »Ich befasse mich lieber mit Menschen als mit Zahlen.« Oder: »Ich habe Mathe immer gehaßt.«

Dieser perverse Stolz auf mathematisches Unverständnis rührt zu einem Teil daher, daß die negativen Auswirkungen in der Regel nicht so offensichtlich sind wie bei anderen Schwächen. Aus diesem Grund und weil ich fest davon überzeugt bin, daß die Leute auf anschauliche Beispiele eher reagieren als auf allgemeine Erklärungen, werden in diesem Buch zahlreiche Beispiele für mathematisches Analphabetentum aus dem ›wirklichen Leben‹ untersucht – darunter Börsentricks, Partnerwahl, Psychologie im Feuilleton, Ernährung und medizinische Probleme, die Gefahren des Terrorismus, Astrologie, Rekorde beim Sport, Wahlen, sexuelle Diskriminierung, UFOs, Versicherung und Recht, Psychoanalyse und Parapsychologie, Lotterien und Drogentests.

Ich habe versucht, nicht allzu schulmeisterlich zu dozieren und nicht zu weitschweifend Banalitäten über die populäre Kultur oder unser Erziehungswesen zu verbreiten. Dennoch habe ich eine Anzahl allgemeiner Betrachtungen und Beobachtungen eingeflochten, die – wie ich hoffe – durch die Beispiele gestützt werden. Meiner Meinung nach resultieren die Blockaden, die den vernünftigen Umgang mit Zahlen und Wahrscheinlichkeitsrechnungen behindern, oft aus ganz natürlichen psychischen Reaktionen auf Unsicherheit, aus Zufälligkeiten oder der Form, in der ein Problem dargestellt wird. Andere Gründe sind in der Furcht vor Zahlen und in romantischen Fehldeutungen über das Wesen der Mathematik zu suchen.

Kaum diskutiert werden bislang die Auswirkungen des mathematischen Analphabetentums in Verbindung mit dem Glauben an Pseudowissenschaften. In diesem Buch wird deshalb die wechselseitige Beziehung zwischen diesen beiden Bereichen untersucht. In einer Gesellschaft, in der die Gentechnik, die Laser-Technologie und Mikrochip-Schaltkreise unsere Sicht der Welt tagtäglich erweitern, ist es besonders traurig, daß ein beträchtlicher Teil der erwachsenen Bevölkerung immer noch an Tarot, spiritistische Medien und die Macht einer Kristallkugel glaubt.

Noch bedenklicher ist die Kluft zwischen der wissenschaftlichen Einschätzung bestimmter Risiken und der Bewertung eben dieser Risiken im alltäglichen Leben. Diese Kluft hat zur Folge, daß entweder unbegründete und lähmende Ängste entstehen oder aber unmöglich einlösbare und ökonomisch verhängnisvolle Forderungen nach risikofreien Garantien laut werden. Die Politiker sind bei diesem Problem selten eine Hilfe, da sie von der öffentlichen Meinung abhängig sind und es daher tunlichst vermeiden, die *wahrscheinlichen* Risiken und die *Kompromisse* zu benennen, die schließlich mit nahezu jeder Art von Politik verbunden sind.

Weil dieses Buch hauptsächlich von diversen Unzulänglichkeiten handelt – dem Mangel an einem Sinn für Zahlen, der übertriebenen Beachtung von bedeutungslosen Zufällen, dem unkritischen Vertrauen in Pseudowissenschaften, der Unfähigkeit, gesellschaftliche Kompromisse zu erkennen usw. –, mag meinem Stil häufig eine polemische Note anhaften. Dennoch hoffe ich, den übertrieben strengen und zänkischen Ton vermieden zu haben, der so oft bei Versuchen dieser Art anklingt.

Der Zugang zu den Problemen erfolgt durchweg auf ›sanfte‹ mathematische Weise. Es werden dabei einige elementare Begriffe der Wahrscheinlichkeitsrechnung und der Statistik entwickelt, die, obgleich sie in gewissem Sinne kompliziert sind, nicht mehr voraussetzen als gesunden Menschenverstand und Arithmetik. Einige der hier präsentierten Begriffe werden selten in einer Form diskutiert, die einem breiten Publikum zugänglich ist. Sie gehören zu der Art von Dingen, mit denen ich beispielsweise meine Studenten erfreue, wobei sie aber zumeist mit der Frage antworten: »Müssen wir das für die Prüfung lernen?« In diesem Buch gibt es keine Prüfung; daher kann man sich unbeschwert an diesen Begriffen erfreuen, und gelegentlich auftretende schwierige Passagen lassen sich ungestraft überspringen.

Eine These dieses Buches ist, daß Menschen, die unter Zahlenschwäche leiden, außerordentlich häufig dazu neigen, Dinge persönlich zu nehmen – wobei sie von ihrer eigenen Erfahrung oder von der in den Medien praktizierten Konzentration auf Einzelpersonen und persönliche Dramen in die Irre geführt werden. Daraus folgt nicht notwendigerweise, daß Mathematiker unpersönlich und formalistisch sind. Ich bin es nicht, und dieses Buch ist es ebensowenig. Ziel meines Buches ist, die Menschen anzusprechen, die gebildet sind, unter Zahlenschwäche leiden – zumindest aber diejenigen, deren Angst vor der Mathematik nicht so groß ist, daß sie bei ›Nummer‹ automatisch ›nie mehr‹ denken. Das Buch war dann der Mühe wert, wenn es den Leser deutlicher als bisher erkennen läßt, wie sehr mathematisches Analphabetentum sowohl das private wie auch das öffentliche Leben beherrscht.

1. KAPITEL

Beispiele und Grundsätze

Zwei Adlige unternehmen einen Ausritt. Der eine schlägt vor, auszuprobieren, wer von ihnen die größere Zahl nennen könne. Der andere willigt ein, denkt einige Minuten lang nach und verkündet schließlich voller Stolz: »Drei.« Sein Begleiter, der das Spiel vorgeschlagen hat, sagt daraufhin eine halbe Stunde lang kein Wort, zuckt schließlich mit den Achseln und gibt sich geschlagen.

Ein Tourist, der in Maine Urlaub macht, geht in ein Haushaltswarengeschäft und kauft eine beträchtliche Anzahl teurer Artikel. Der mißtrauische und äußerst reservierte Inhaber des Ladens sagt kein Wort, während er die Preise in die Registrierkasse tippt. Als er endlich fertig ist, deutet er auf die Summe und beobachtet den Mann, wie dieser 1528,47 Dollar auf den Ladentisch zählt. Daraufhin zählt er selbst systematisch das Geld nach: einmal, zweimal, dreimal. Der Urlauber fragt ihn schließlich, ob er ihm die richtige Summe gegeben habe, worauf der Ladenbesitzer mürrisch antwortet: »Aber nur knapp.«

Der Mathematiker G.H. Hardy besuchte seinen Schützling, den indischen Mathematiker Ramanujan, im Krankenhaus. Im Plauderton meinte er, daß 1729, die Nummer des Taxis, das ihn herbrachte, eine ziemlich langweilige

Zahl sei. Darauf antwortete Ramanujan prompt: »Nein, Hardy, nein. Es ist sogar eine außerordentlich interessante Zahl: nämlich die kleinste, die sich auf zwei verschiedene Arten als Summe zweier Kubikzahlen ausdrücken läßt.«

Hohe Zahlen, niedrige Wahrscheinlichkeiten

Die Fähigkeit des Menschen, mit Zahlen umzugehen, reicht von der aristokratischen bis zu der Ramanujans, aber es ist eine traurige Tatsache, daß die meisten die ebenfalls aristokratische Haltung des alten Ladenbesitzers einnehmen. Ich bin immer erstaunt und deprimiert, wenn ich erlebe, daß Studenten keine Vorstellung davon haben, wie groß die Bevölkerung der USA oder wie hoch der Anteil der Chinesen an der Weltbevölkerung sein könnte. Manchmal fordere ich die Studenten auf, übungshalber zu schätzen, wie schnell menschliches Haar in Kilometern pro Stunde wächst, wie viele Menschen jeden Tag auf der Welt sterben oder wie viele Zigaretten jährlich in unserem Land geraucht werden. Trotz des Widerstands, den man zuweilen anfänglich spürt (ein Student beharrte darauf, daß Haare nicht in Kilometern pro Stunde wüchsen), macht ihr Gefühl für Zahlen dabei oft gewaltige Fortschritte.

Ohne eine gewisse Aufgeschlossenheit gegenüber gewöhnlichen großen Zahlen ist es unmöglich, mit der angemessenen Skepsis auf schreckliche Berichte zu reagieren, wonach mehr als eine Million amerikanischer Kinder jedes Jahr entführt werden, oder mit der angemessenen Nüchternheit einen Raketensprengkopf zu taxieren, der eine Sprengkraft von einer Megatonne hat – gleichbedeutend einer Million Tonnen (oder zwei Milliarden Pfund) des Sprengstoffes TNT.

Und wenn man nicht ein gewisses Gefühl für Wahrscheinlichkeiten hat, wird man Autounfälle als ein relativ geringfügiges Problem des Nahverkehrs einstufen, während das Risiko, bei Reisen nach Übersee von Terroristen umgebracht zu werden, als außerordentlich hoch bewertet wird. Wie aber schon häufig angemerkt wurde, entsprechen die 45 000 Menschen, die jährlich auf den Straßen der USA umkommen, der Zahl der amerikanischen Gefallenen im Vietnam-Krieg. Andererseits wurden ganze siebzehn von insgesamt 28 Millionen US-Bürgern, die 1985 ins Ausland reisten, von Terroristen ermordet – das entspricht einer Wahrscheinlichkeit von eins zu 1,6 Millionen, dem Terrorismus zum Opfer zu fallen. Die Wahrscheinlichkeit, bei einem Autounfall zu sterben, liegt dagegen bei eins zu 5300.

Konfrontiert mit diesen großen Zahlen und der entsprechend geringen Wahrscheinlichkeit, zu den Betroffenen zu gehören, wird der mathematische Analphabet sicherlich entgegen jeglicher Logik einwenden: »Ja, aber was ist, wenn ich der eine bin?« Und dann wird er bekräftigend nicken, als hätte er Ihre Argumente mit seinem alles durchdringenden Scharfsinn entkräftet. Diese Neigung, alles auf sich selbst zu beziehen, ist, wie wir sehen werden, charakteristisch für den mathematischen Analphabeten. Ebenso gern setzt er das Risiko, einer unbekannten exotischen Krankheit zu erliegen, mit der Wahrscheinlichkeit gleich, an einer Herz- oder Kreislaufschwäche zu erkranken, an der ungefähr 12 000 US-Bürger jede Woche sterben.

Es gibt einen Witz, der diese Verhaltensweise illustriert: Ein altes Ehepaar, beide um die Neunzig, geht zum Scheidungsanwalt. Dieser will sie überreden, zusammenzubleiben: »Warum wollen Sie sich jetzt nach siebzig Jahren Ehe scheiden lassen?« Schließlich kreischt die alte Dame los: »Wir wollten warten, bis unsere Kinder tot sind.«

Man braucht ein Gefühl dafür, welche Mengen oder Zeitspannen in unterschiedlichen Zusammenhängen angemessen sind, um den Witz zu verstehen. Eigentlich sollte es ebenso komisch wirken, wenn jemand Millionen mit Milliarden oder Milliarden mit Billionen verwechselt. Das ist aber nicht der Fall, da es uns zu oft an einem intuitiven Gefühl für diese Zahlen mangelt. Viele gebildete Menschen haben wenig Verständnis für diese Zahlen und sind sich nicht einmal bewußt, daß eine Million 1 000 000 ist, eine Milliarde 1 000 000 000 und eine Billion 1 000 000 000 000.

Eine kürzlich durchgeführte Studie von Dr. Kronlund und Dr. Phillips von der Washingtoner Universität ergab, daß die Einschätzung der meisten Ärzte über die Risiken verschiedener Operationen, Behandlungen und Medikamente (selbst in ihren eigenen Spezialgebieten) von der Realität weit entfernt ist. Ich hatte einmal eine Unterhaltung mit einem Arzt, der im Verlauf von ungefähr zwanzig Minuten feststellte, daß eine bestimmte Behandlung, die er vorschlug, (a) mit einem Risiko von eins zu einer Million verbunden sei, (b) zu 99 Prozent sicher sei und (c) in aller Regel ganz gut verlaufe. Angesichts der Tatsache, daß die meisten Ärzte zu glauben scheinen, in ihrem Wartezimmer müßten mindestens immer elf Patienten sitzen, damit sie nicht arbeitslos würden, überrascht mich dieser neuerliche Beweis ihres mathematischen Unvermögens nicht sonderlich.

Für sehr große oder sehr kleine Zahlen ist die sogenannte wissenschaftliche Schreibweise oft klarer und einfacher zu handhaben als die Standardschreibweise, und deswegen werde ich sie gelegentlich benutzen. Es gibt nichts sonderlich Kompliziertes daran: 10^n ist eine 1 mit n folgenden Nullen, 10^4 ist also 10 000 und 10^9 ist eine Milliarde. 10^{-n} ist 1 dividiert durch 10^n, 10^{-4} ist also 1 dividiert durch 10 000 oder 0,0001, und 10^{-2} ist ein Hundertstel. 4×10^6 ist $4 \times 1\,000\,000$ oder 4 000 000. $5{,}3 \times 10^8$ ist $5{,}3 \times 100\,000\,000$ oder 530 000 000. 2×10^{-3} ist $2 \times 1/1000$ oder 0,002. $3{,}4 \times 10^{-7}$ ist $3{,}4 \times 1/10\,000\,000$ oder 0,00000034.

Warum verwenden Nachrichtenmagazine und Zeitungen in ihren Artikeln die wissenschaftliche Schreibweise nicht in angemessener Weise? Diese Schreibweise ist nicht annähernd so geheimnisvoll wie viele Themen, die in diesen Medien diskutiert werden, und sie ist offensichtlich brauchbarer als der mißlungene Wechsel zum metrischen System, über den so viele langweilige Artikel veröffentlicht werden. Der Ausdruck $7{,}39842 \times 10^{10}$ ist verständlicher und lesbarer als dreiundsiebzig Milliarden neunhundertvierundachtzig Millionen zweihunderttausend.

In wissenschaftlicher Schreibweise lautet die Antwort auf die zuvor gestellten Fragen: Menschliches Haar wächst mit einer Geschwindigkeit von ungefähr 16^{-8} Kilometer pro Stunde. Annähernd $2{,}5 \times 10^5$ Menschen sterben jeden Tag in der Welt, und annähernd 5×10^{11} Zigaretten werden jedes Jahr in den USA geraucht. Die Standardschreibweise für diese Zahlen ist: 0,000000016 Kilometer pro Stunde; ungefähr 250 000 Menschen; annähernd 500 000 000 000 Zigaretten.

Blut, Berge und Hamburger

In einem Artikel des *Scientific American* über mathematischen Analphabetismus führte der Computerfachmann Douglas Hofstadter das Beispiel der Ideal-Spielwarenfabrik an, die auf die Verpackung des originalen Rubik-Würfels drucken ließ, der Würfel könne über drei Milliarden verschiedene Stellungen einnehmen. Berechnungen zeigen aber, daß es mehr als 4×10^{19} (eine 4 mit neunzehn Nullen) gibt. Was auf der Verpackung steht, ist nicht falsch; es gibt mehr als drei Milliarden mögliche Stellungen. Die Untertreibung jedoch ist bezeichnend für den allgegenwärtigen mathematischen Analphabetismus, der unserer technologisch orientierten Gesellschaft schlecht zu Gesicht steht. Es wäre eine ähnliche Untertreibung, wenn über der Einfahrt zum Lincoln-Tunnel ein Schild mit der Aufschrift *New York City (mehr als sechs Einwohner)* angebracht würde. Oder wenn McDonald's stolz verkündete, daß sie schon über 120 Hamburger verkauft hätten.

Die Zahl 4×10^{19} ist nicht unbedingt Allgemeingut, aber Zahlen wie Zehntausend, eine Million und eine Billion sind es. Beispiele für Mengen, die jeweils eine Million Elemente, eine Milliarde Elemente usw. haben, sollten für einen schnellen Vergleich zur Hand sein. Wer zum Beispiel weiß, daß es nur etwa elfeinhalb Tage dauert, bis eine Million Sekunden verrinnt, während fast zweiunddreißig Jahre notwendig sind, um eine Milliarde Sekunden vergehen zu lassen, wird ein besseres Verständnis für die relativen Größenordnungen dieser beiden so häufig verwendeten Zahlen entwickeln. Was ist mit Billionen? Der moderne Homo sapiens ist wahrscheinlich weniger als 10 Billionen Sekunden alt, und das vorausgegangene vollständige Verschwinden der Neandertal-Version des frühen Homo sapiens ereignete sich erst vor etwa einer Billion Sekunden. Die Landwirtschaft gibt es seit annähernd 300 Milliarden Sekunden (zehntausend Jahre), die Schreibkunst seit etwa 150 Milliarden Sekunden, und die Rockmusik ist erst vor etwa einer Milliarde Sekunden entstanden.

Weitere allgemeine Quellen für solch große Zahlen sind der US-amerikanische Bundeshaushalt von einer Billion Dollar und unser voll entwickeltes Waffenarsenal. Bei einer US-Bevölkerung von etwa 250 Millionen Menschen könnte jede Milliarde Dollar im Bundeshaushalt umgewandelt werden in 4 Dollar für jeden US-Bürger. Ein jährlicher Verteidigungshaushalt in Höhe von fast einem Drittel einer Billion Dollar ergibt so annähernd 5000 Dollar im Jahr für eine Familie von vier Personen. Was haben all diese Ausgaben bei uns und den anderen all die Jahre über gebracht? Die in TNT ausgedrückte Sprengkraft aller nuklearen Waffen in der Welt beträgt 25 000 Megatonnen oder 50 Billionen Pfund oder 10 000 Pfund für jeden Mann, jede Frau und jedes Kind auf der Welt. (Ein Pfund davon in einem Auto würde übrigens den Wagen und jeden seiner Insassen vollständig zerfetzen.) Die Nuklearwaffen an Bord von nur einem unserer Trident-U-Boote enthalten die achtfache Sprengkraft dessen, was insgesamt im Zweiten Weltkrieg verschossen worden ist.

Bei den kleineren Zahlen wollen wir auf weniger betrübliche Beispiele zurückgreifen. Ein Sektor des Veteranen-Stadions in Philadelphia besitzt 1008 Sitzplätze – eine Zahl, die man sich leicht vorstellen kann. Die Nordseite meiner Garage neben meinem Haus ist aus fast 10 000 länglichen Ziegelsteinen gebaut. Ein durchschnittlicher Roman hat gewöhnlich 100 000 Wörter.

Um mit großen Zahlen umgehen zu lernen, ist es nützlich, mit einer oder zwei Zahlenmengen wie den oben angeführten zu üben (jeweils mit dem Exponenten von zehn, wobei man bis zu 13 oder 14 gehen sollte). Es ist auch eine gute Übung, all das zu schätzen, was von seiner Größe her Ihre Phantasie reizt: Wie viele Pizzas werden jedes Jahr in den Vereinigten Staaten gegessen? Wie viele Wörter hat man bisher in seinem Leben gesprochen? Wie viele verschiedene Namen von Leuten erscheinen jedes Jahr in der *New York Times?* Wie viele Wassermelonen könnte man im Capitol in Washington stapeln?

Wie viele Geschlechtsakte finden Ihrer Meinung nach an jedem Tag in der Welt statt? Versuchen Sie zu schätzen, wie viele Menschen hätten geboren werden können, wenn alle menschlichen Eizellen und Spermien, die es jemals gab, zu ihrer Bestimmung gelangt wären. Sie werden sehen, daß diejenigen, die wirklich geboren wurden, ein unglaubliches Glück hatten.

Solche Schätzungen sind im allgemeinen ziemlich einfach und oft aussagekräftig. Wie groß ist zum Beispiel das Volumen des gesamten menschlichen Blutes in der Welt? Der männliche Erwachsene hat durchschnittlich 5,7 Liter Blut; erwachsene Frauen haben geringfügig weniger, Kinder beträchtlich weniger. Wenn wir schätzen, daß im Durchschnitt jeder der annähernd 5 Milliarden Menschen auf der Welt etwa 3,8 Liter Blut hat, so ergibt das ungefähr 19 Milliarden ($5 \times 3{,}8 \times 10^9$) Liter Blut auf der Welt. Da 1000 Liter einen Kubikmeter ergeben, sind dies also $19 \times 10^9/10^3$ Kubikmeter oder 19 Millionen Kubikmeter Blut. Die Kubikwurzel von 19×10^6 ist ungefähr 267. Alles Blut in der Welt würde also in einen Würfel mit einer Seitenlänge von etwa 267 Metern passen, weniger als ein Fünfzigstel eines Kubikkilometers.

Der Central Park in New York hat eine Fläche von 340 Hektar oder 3,4 Quadratkilometern. Wenn um ihn herum Mauern stünden, würde alles menschliche Blut in der Welt den Park mit einer Höhe von etwa 6 Metern bedecken. Das Tote Meer an der Grenze zwischen Israel und Jordanien hat eine Fläche von 1010 Quadratkilometern. Wenn alles Blut der Welt in das Tote Meer gebracht würde, würde es den Wasserspiegel nur um etwa 2 Zentimeter erhöhen. Selbst ohne einen spezifischen Zusammenhang sind diese Zahlen überraschend; man erkennt, daß es gar nicht so viel menschliches Blut gibt, wie man sich vorgestellt hat. Verglichen mit dem Volumen von allem Gras oder allen Blättern auf der Welt ist der zumindest volumenmäßig nebensächliche Status des Menschen innerhalb der Lebensformen klar ersichtlich.

Wechseln wir kurz die Dimensionen und betrachten wir das Verhältnis zwischen der Geschwindigkeit einer Überschall-Concorde, die etwa 3200 Kilometer pro Stunde zurücklegt, und dem ›Tempo‹ einer Schnecke, die sich mit 7,5 Metern pro Stunde vorwärtsbewegt – was eine Vergleichsgeschwindigkeit von 0,0023 Kilometer pro Stunde ergibt. Die Geschwindigkeit der Concorde ist mehr als 400 000mal größer als die der Schnecke. Noch beeindruckender ist der Vergleich zwischen der Geschwindigkeit, mit der ein durchschnittlicher Computer zehnstellige Zahlen addiert, und dem Schneckentempo, das ein Mensch dabei an den Tag legt. Computer führen diese Aufgabe mehr als eine Million mal schneller aus als wir mit unserem schneckenähnlichen Speicher im Gehirn, und bei Hochleistungscomputern ist das Verhältnis eins zu mehr als einer Milliarde.

Zum Abschluß noch eine Berechnung, die ein wissenschaftlicher Berater des Massachusetts Institute of Technology benutzte, um unter den Bewerbern für Stellen auszusieben: Wie lange würde es dauern, fragte er, um einen isoliert stehenden Berg, sagen wir den Fudschijama in Japan, mit Kipplastern bis auf den Grund abzutragen? Nehmen Sie an, die Lastwagen kommen rund um die Uhr alle 15 Minuten, werden unverzüglich mit Schutt und Felsbrocken beladen und fahren auf direktem Weg ab. Die Antwort möchte ich mir für später aufsparen. Nur soviel: Sie ist ziemlich verblüffend.

Gargantueske Zahlen und die Forbes-Liste

Die Beschäftigung mit Größenverhältnissen ist ein Hauptmotiv der Weltliteratur, von der Bibel bis zu Swifts Liliputanern, von Paul Bunyan bis zu Rabelais' Gargantua. Mich verblüfft es noch immer, wie inkonsequent diese so unterschiedlichen Autoren im Gebrauch von großen Zahlen waren.

Gargantua soll als Säugling (von daher der Ausdruck ›gargantuesk‹) die Milch von 17 913 Kühen benötigt haben. Als junger Student ritt er auf einer Stute nach Paris, die so groß war wie sechs Elefanten, und hängte ihr als Schellen die Glocken von Notre Dame um den Hals. Auf dem Rückweg nach Hause wurde er von einer Burg aus mit Kanonen beschossen; mit einem 300 Meter breiten Rechen kämmte er sich die Kanonenkugeln aus dem Haar. Für einen Salat schnitt er Lattich, der so groß war wie Walnußbäume, und verschlang ein halbes Dutzend Pilger, die sich zwischen den Bäumen versteckt hatten. Erkennen Sie die logischen Widersprüche, die in dieser Geschichte stecken?

In der Schöpfungsgeschichte heißt es von der Sintflut, daß sie alle hohen Berge, die es unter dem Himmel gab, bedeckte. Wörtlich genommen bedeutet dies, daß das Wasser 4000 bis 8000 Meter hoch stand, gleichbedeutend mit einem Quantum von mehr als zwei Milliarden Kubikkilometern Wasser. Da es nach biblischen Angaben 40 Tage und 40 Nächte lang regnete, das heißt nur 960 Stunden, muß der Regen mit einer Menge von mindestens 15 Metern pro Stunde gefallen sein. Diese Menge würde ausreichen, um jeden Flugzeugträger untergehen zu lassen – und mit Sicherheit eine Arche mit Tausenden von Tieren an Bord.

Solch innere Widersprüche herauszufinden ist eine der kleineren Freuden, die der Umgang mit Zahlen bietet. Der entscheidende Punkt ist aber nicht, daß man nun ständig irgendwelche Zahlen auf ihre innere Logik und Plausibilität hin überprüft, sondern daß man schon aus rein zahlenmäßigen Angaben bestimmte Informationen herleiten kann. Oft lassen sich schon allein mit solchem Zahlenmaterial bestimmte Behauptungen widerlegen. Wenn die Leute es gelernt hätten, zu schätzen und einfache Berechnungen durchzuführen, wären sie häufiger in der Lage, einen auf der Hand liegenden Schluß zu ziehen, und es ließen sich nicht mehr so viele lächerliche Behauptungen verbreiten.

Bevor wir uns wieder Rabelais zuwenden, lassen Sie uns zwei herabhängende Kabel von gleichem Querschnitt betrachten. (Ich bin sicher, daß ein solcher Satz noch niemals zuvor gedruckt wurde.) Die Stromstärke eines Kabels ist proportional seiner Masse, die proportional seiner Länge ist. Da der Flächenquerschnitt der beiden Kabel gleich ist, ändert sich die Spannung im Kabel – Stromstärke dividiert durch Querschnittsfläche – gemäß der Länge des Kabels. Ein Kabel, das zehnmal so lang ist wie ein anderes, hat eine zehnmal so hohe Spannung wie das kürzere. Ein ähnliches Beispiel zeigt, daß von zwei geometrisch vergleichbaren Brücken, die aus dem gleichen Material gebaut sind, die längere notwendigerweise die weniger stabile ist.

Desgleichen kann – trotz Rabelais – ein Mann nicht von 2 Metern auf 10 Meter wachsen. Multipliziert man seine Körpergröße mit 5, erhöht sich sein Gewicht um den Faktor 5^3, während seine Fähigkeit, dieses Gewicht zu tragen – gemessen am Querschnitt seiner Knochen –, nur um den Faktor 5^2 zunimmt. Elefanten sind groß, aber dafür brauchen sie auch ziemlich dicke Beine, während Wale dergleichen nicht benötigen, da sie im Wasser leben.

Obgleich die proportionale Berechnung bestimmter Größenordnungen in vielen Fällen zunächst durchaus vernünftig ist, erweist sie sich oft als nicht stichhaltig, wie die folgenden, etwas sachlicheren Beispiele zeigen. Wenn der Brotpreis um 6 Prozent steigt, besteht noch lange kein Grund, anzunehmen, daß der Preis für Jachten sich ebenfalls um 6 Prozent erhöht. Wenn ein Unternehmen um das Zwanzigfache seiner ursprünglichen Größe wächst, wird das relative Größenverhältnis seiner Abteilungen nicht gleich bleiben. Wenn nach der Injizierung von 1000 Gramm einer bestimmten Substanz eine von 100 Ratten an Krebs erkrankt, ist damit noch nicht gesagt, daß durch die Injizierung von 100 Gramm eine von 1000 Ratten an Krebs erkranken wird.

Ich schrieb einst an einige bedeutende Leute der ›Forbes 400‹, einer Liste der vierhundert reichsten Amerikaner, und bat sie um 25 000 Dollar zur Unterstützung eines Projekts, an dem ich damals arbeitete. Da sich das durchschnittliche Vermögen der Leute, an die ich meinen Brief richtete, auf ungefähr 400 Millionen Dollar (4×10^8, sicherlich eine ›gargantueske‹ Summe) belief und ich nur um $1/16\,000$stel dieses Vermögens bat, hoffte ich, daß das Argument der linearen Proportionalität überzeugen würde: Ich argumentierte nämlich, daß ich sicherlich nicht nein sagen würde, wenn ich von einem Fremden um 25 Dollar – also mehr als $1/16\,000$stel meines Nettoverdienstes – gebeten würde. Zwar erhielt ich eine Reihe freundlicher Antworten, doch leider kein Geld . . .

Archimedes und unendliche Zahlen

Es gibt eine grundlegende Eigenschaft der Zahlen, die nach dem griechischen Mathematiker Archimedes benannt ist und besagt, daß jede Zahl, so groß sie auch sein mag, übertroffen werden kann, wenn man genügend viele kleine Zahlen, so winzig sie auch sein mögen, addiert. Obwohl dieses Prinzip einleuchtet, wird es in der Praxis oft negiert, wie wir am Beispiel des Studenten sehen, der behauptete, menschliches Haar wachse nicht in Kilometern pro Stunde. Leider addieren sich auch die Nanosekunden, die während eines einfachen Vorgangs im Computer verstreichen, und blockieren so die Bearbeitung komplizierter Probleme, deren Lösung Jahrtausende beanspruchen würde. Man sollte sich einfach an den Gedanken gewöhnen, daß die winzigen Zeitabschnitte und Entfernungen der Mikrophysik ebenso wie die riesigen Dimensionen astronomischer Phänomene zur Welt des Menschen gehören.

Aus der oben beschriebenen Eigenschaft der Zahlen leitet sich der berühmte Ausspruch des Archimedes ab, man brauche ihm nur einen festen Punkt, eine ausreichend lange Stange und einen festen Standort zu geben, und schon könne er die Erde aus den Angeln heben. Mathematischen Analphabeten mangelt es an der Einsicht, daß sich auch geringe Größen summieren, und sie scheinen nicht zu glauben, daß ihre kleinen mit Treibgas gefüllten Haarspraydosen zur Zerstörung der Ozonschicht in der Atmosphäre beitragen oder daß ihr Auto den sauren Regen mit bedingt.

Die riesigen Pyramiden wurden Stein für Stein über einen Zeitraum hinweg errichtet, der sehr viel kürzer ist als die 5000 bis 10 000 Jahre, die nötig wären, um den 3800 Meter hohen Fudschijama mit Lastautos abzutragen. Eine ähnliche Berechnung führte Archimedes durch, als er die Anzahl der Sandkörner schätzte, die man brauchen würde, um die Erde und die Himmel zu füllen. Da er die exponentielle Schreibweise noch nicht kannte, entwickelte er etwas Vergleichbares, und seine Berechnungen entsprachen ungefähr den folgenden:

Wenn man ›Erde und Himmel‹ als eine die Erde umschließende Kugel versteht, hängt die Zahl der Sandkörner, die man benötigt, um sie zu füllen, vom Radius der Kugel und von der Größe der Körner ab. Angenommen, es liegen 5 Körner pro Zentimeter, dann kommen auf jeden Quadratzentimeter 5×5 und auf jeden Kubikzentimeter 5^3 Körner. Da 100 Zentimeter ein Meter sind, sind 100^3 Zentimeter ein Kubikmeter, folglich kommen $5^3 \times 100^3$ Sandkörner auf jeden Kubikmeter. Analog dazu kommen auf jeden Kubikkilometer $5^3 \times 100^3 \times 1000^3$ Körner. Die Formel, mit der man das Volumen einer Kugel berechnet, lautet: $4/3 \times \pi \times$ Kubikzahl des Radius. Wenn man also eine Kugel des Radius von 1,6 Billionen Kilometern (das entspricht etwa der Schätzung des Archimedes) mit Sandkörnern füllen möchte, benötigt man $4/3 \times \pi \times 1\,600\,000\,000\,000^3 \times 5^3 \times 100^3 \times 1000^3$ – also ungefähr 10^{54} Körner.

Solche Berechnungen vermitteln ein Gefühl der Macht, das man nur schwer beschreiben kann, aber das wohl mit dem Wunsch zusammenhängt, die Welt geistig in den Griff zu bekommen. Eine modernere Version ist die Berechnung, wie viele subatomare Teilchen es im gesamten Universum gibt. Diese Zahl steht für die ›angewandte Unendlichkeit‹ bei Computer-Problemen, die nur auf theoretischer Ebene lösbar sind.

Das Universum ist, ein wenig großzügig geschätzt, eine Kugel mit einem Durchmesser von ungefähr 40 Milliarden Lichtjahren. Um noch großzügiger zu sein und auch um die grobe Berechnung zu vereinfachen, nehmen wir an, das Universum sei ein Würfel mit einer Seitenlänge von 40 Milliarden Lichtjahren. Protonen und Neutronen haben einen Durchmesser von ungefähr 10^{-12} Zentimetern. Die archimedische Frage, die der Computerwissenschaftler Donald Knuth stellt, lautet: Wie viele kleine Würfel mit einem Durchmesser von 10^{-13} Zentimetern ($^1/_{10}$ des Durchmessers dieser Nukleonen) würden ins Universum passen? Eine grobe Berechnung ergibt, daß die Zahl unter 10^{125} liegt. Demnach enthielte auch ein Computer von der Größe des Universums, dessen Bauteile kleiner wären als Nukleonen, weniger als 10^{125} solcher Teile. Folglich wären Berechnungen von Problemen, die mehr solche Teile benötigten, unmöglich. Man sieht, daß solche scheinbar abwegigen Gedankenexperimente durchaus Fragen von praktischem Interesse berühren.

Eine vergleichbare winzige Zeiteinheit ist die Dauer, die das Licht, das sich mit einer Geschwindigkeit von 300 000 Kilometern pro Sekunde ausbreitet, benötigt, um einen der oben beschriebenen winzigen Würfel zu durchqueren, dessen Kantenlänge 10^{-13} Zentimeter beträgt. Unter der Voraussetzung, daß das Universum etwa 15 Milliarden Jahre alt ist, können wir schließen, daß weniger als 10^{42} solcher Zeiteinheiten seit dem

Beginn des Universums verstrichen sind. Deshalb würde jede Computer-Berechnung, die mehr als 10^{42} Arbeitsschritte umfaßt (wovon jeder sicherlich länger dauert als unsere Zeiteinheit), mehr Zeit benötigen, als die gesamte bisherige Geschichte dieses Universums ausmacht.

An einem weiteren Beispiel möchte ich einige biologisch aufschlußreiche Vergleiche demonstrieren, die sicherlich ein wenig anschaulicher sind. Nehmen wir an, ein menschliches Wesen sei kugelförmig und habe einen Meter Durchmesser (etwa, wenn es zusammengekauert am Boden hockt). Die Größe einer menschlichen Körperzelle im Verhältnis zu der eines Menschen ist gleich dem Verhältnis der Größe des Menschen zu der von Rhode Island.* Ebenso ist das Größenverhältnis zwischen einem Virus und einem Menschen gleich dem Verhältnis zwischen dem Menschen und der Erdkugel. Das Größenverhältnis zwischen einem Atom und einem Menschen ist gleich dem zwischen einem Menschen und der Erdumlaufbahn um die Sonne. Und ein Proton ist im Verhältnis zu einem Menschen so groß wie der Mensch im Verhältnis zur Entfernung zum Stern Alpha Centauri.

Die Multiplikationsregel und Mozarts Walzer

Dies ist vielleicht der passende Zeitpunkt, noch einmal auf meine einleitende Bemerkung hinzuweisen, daß die gelegentlich auftretenden schwierigeren Passagen von Nicht-Mathematikern bedenkenlos übersprungen werden können. Einige der folgenden Abschnitte enthalten nämlich mehrere solcher Passagen. Im Gegenzug kann der mathematisch geschulte Leser eine gelegentlich triviale Passage bedenkenlos ignorieren.

* Kleinster Bundesstaat der USA, mit einer Fläche von 3144 Quadratkilometern (Anm. d. Übers.)

Die sogenannte Multiplikationsregel ist trügerisch einfach und sehr wichtig. Sie besagt: Wenn eine bestimmte Wahl auf m verschiedene Arten getroffen werden kann und eine daraus folgende Wahl auf n verschiedene Arten getroffen werden kann, dann gibt es m × n verschiedene Arten, diese aufeinanderfolgenden Wahlen zu treffen. Wenn eine Frau bespielsweise fünf Blusen und drei Röcke besitzt, so hat sie 5 × 3 = 15 Wahlmöglichkeiten, sich zu kleiden, da jede der fünf Blusen (B 1, B 2, B 3, B 4, B 5) mit jedem der drei Röcke (R 1, R 2, R 3) kombiniert werden kann. Daraus ergeben sich folgende fünfzehn Möglichkeiten: B 1, R 1; B 1, R 2, B 1, R 3; B 2, R 1; B 2, R 2; B 2, R 3; B 3, R 1; B 3, R 2; B 3, R 3; B 4, R 1; B 4, R 2; B 4, R 3; B 5, R 1; B 5, R 2; B 5, R 3. Aus einem Menü, das vier Aperitifs, sieben Vorspeisen und drei Nachspeisen bietet, kann sich der Gast 4 × 7 × 3 = 84 verschiedene Diners zusammenstellen, vorausgesetzt, er wählt von jedem Gang etwas.

Wenn man mit zwei Würfeln spielt, beträgt die Zahl der möglichen Ergebnisse 6 × 6 = 36; jede der sechs Zahlen auf dem einen Würfel kann mit jeder der sechs Zahlen auf dem anderen Würfel kombiniert werden. Wenn sich die Augenzahlen auf den Würfeln voneinander unterscheiden, so beträgt die Zahl der möglichen Ergebnisse 6 × 5 = 30; jede der sechs Zahlen auf dem einen Würfel kann mit jeder der verbleibenden fünf Zahlen auf dem anderen Würfel kombiniert werden. Die Zahl der möglichen Ergebnisse bei drei Würfeln ist 6 × 6 × 6 = 216. Die Zahl der möglichen Ergebnisse bei unterschiedlichen Augenzahlen ist 6 × 5 × 4 = 120.

Diese Regel ist eine unschätzbare Hilfe, wenn man große Zahlen berechnet, zum Beispiel die Anzahl möglicher Telefonanschlüsse im Ortswahlbereich der USA, die bei etwa 8×10^6 oder 8 Millionen liegt. An erster Stelle kann jede von acht verschiedenen Ziffern stehen (0 und 1 werden generell nicht an erster Stelle verwendet), an zweiter bis siebter Stelle kann jede der zehn Ziffern stehen. (Genaugenommen gibt es einige Beschränkungen bei den Zahlen und der Stellung, die sie einnehmen können, was die Gesamtsumme von 8 Millionen etwas mindert.) Ähnlich ist es mit der Zahl möglicher Autokennzeichen in US-Bundesstaaten, deren Nummernschilder alle zwei Buchstaben haben, auf die vier Ziffern folgen: die Summe beträgt $26^2 \times 10^4$. Wenn Wiederholungen nicht zulässig sind, beträgt die Gesamtsumme der möglichen Nummernschilder $26 \times 25 \times 10 \times 9 \times 8 \times 7$.

Wenn die Staatsoberhäupter von acht westlichen Ländern ein Gipfeltreffen abhalten und für ein Gruppenbild posieren, gibt es $8 \times 7 \times 6 \times 5 \times 4 \times 3 \times 2 \times 1 = 40\,320$ verschiedene Möglichkeiten, wie sie sich aufstellen können. Warum? Bei wie vielen dieser 40 320 Möglichkeiten würden Präsident Bush und Premierministerin Thatcher nebeneinander stehen? Um dies zu beantworten, nehmen wir an, Bush und Thatcher steckten zusammen in einem großen Sack. Diese sieben Einheiten (die sechs übrigen Staatsoberhäupter und der Sack) können in $7 \times 6 \times 5 \times 4 \times 3 \times 2 \times 1 = 5040$ möglichen Kombinationen nebeneinander plaziert werden (um wieder die Multiplikationsregel zu benutzen). Diese Zahl muß dann mit 2 multipliziert werden, denn wenn Bush und Thatcher wieder aus dem Sack gelassen werden, haben wir die Wahl, welches der beiden benachbarten Staatsoberhäupter wir an die erste Stelle setzen. Es gibt also insgesamt 10 080 Möglichkeiten, wie sich die Teilnehmer des Gipfeltreffens aufstellen können, wenn Bush und Thatcher nebeneinander stehen. Sollten sich die Staatsoberhäupter jedoch völlig willkürlich aufstellen, so beträgt die Wahrscheinlichkeit, daß Bush und Thatcher nebeneinander zu stehen kommen, $^{10\,080}/_{40\,320} = {}^{1}/_{4}$.

Mozart schrieb einst einen Walzer, der für vierzehn der insgesamt sechzehn Takte elf verschiedene Möglichkeiten angab und zwei Möglichkeiten für einen der beiden übrigen Takte. Dadurch ergeben sich 2×11^{14} Variationen dieses Walzers, wovon nur ein geringer Bruchteil jemals zu hören sein wird. In einer ähnlichen verspielten Laune veröffentlichte der französische Schriftsteller Raymond Queneau ein Buch mit dem Titel *Cent mille milliards de poèmes**, das auf zehn Seiten jeweils ein Sonett enthält. Die Buchseiten sind der Breite nach durchgeschnitten, so daß man jede der vierzehn Zeilen eines Sonetts einzeln umblättern kann, wodurch sich jede der zehn ersten Zeilen mit jeder der zehn zweiten Zeilen usw. kombinieren läßt. Queneau behauptet zwar, alle 10^{14} möglichen Sonette würden einen Sinn ergeben, doch diese Behauptung wird niemals nachgeprüft werden können.

Im allgemeinen erfassen die Leute gar nicht, wie riesig die Auswahlmöglichkeiten bei solchen anscheinend winzigen Mengen (wie zehn Seiten!) sein können. Ein Sportredakteur schrieb einmal, ein Baseball-Trainer solle mit seiner aus fünfundzwanzig Spielern bestehenden Mannschaft jede mögliche Kombination erproben, um herauszufinden, welche neun Spieler wohl am besten miteinander harmonieren. Dieser Vorschlag kann verschieden interpretiert werden; in jedem Fall aber wären die Spieler längst gestorben, bevor man alle Spiele durchgeführt hätte.

Dreifach-Waffeln und von Neumanns Trick

Baskin-Robbins-Eisdielen werben mit einunddreißig verschiedenen Sorten Eiscreme. Die Zahl der möglichen Dreifach-Waffeln, in der keine Geschmacksrichtung zweimal vorkommt, ist daher $31 \times 30 \times 29 = 26\,970$; jede der einunddreißig Sorten kann oben sein, jede der verbleibenden dreißig Sorten in der Mitte und jede der rest-

* Dt.Titel: *Hunderttausend Milliarden Gedichte*

lichen neunundzwanzig unten. Wir vernachlässigen die Reihenfolge, in der die Sorten in der Waffel liegen, und interessieren uns nur für die Anzahl der Dreifach-Waffeln. Also teilen wir 26 970 durch 6 und erhalten 4495 Waffeln. Der Grund, warum wir durch 6 teilen, liegt darin, daß es 6 = 3 × 2 × 1 verschiedene Möglichkeiten gibt, drei Sorten – zum Beispiel Erdbeer, Vanille und Schokolade – miteinander zu kombinieren: EVS, ESV, VES, VSE, SVE und SEV. Da das gleiche für jede Dreifach-Waffel gilt, beträgt die Zahl solcher Waffeln (31 × 30 × 29)/(3 × 2 × 1) = 4495.

Ein weniger kalorienreiches Beispiel bieten die zahlreichen Lotterien, bei denen gewinnt, wer sechs richtige Zahlen aus vierzig möglichen tippt. Wen die Frage interessiert, in wie vielen unterschiedlichen Reihenfolgen die sechs Zahlen getippt werden können: es gibt (40 × 39 × 38 × 37 × 36 × 35) = 2 763 633 600 verschiedene Reihenfolgen. Wer sich jedoch nur für die sechs Zahlen als Gesamtheit und nicht für die Reihenfolge ihrer Ziehung interessiert, der teilt 2 763 633 600 durch 720, um die Zahl aller möglichen Sechser-Kombinationen zu erhalten: 3 838 380. Es gibt nämlich 720 = 6 × 5 × 4 × 3 × 2 × 1 Möglichkeiten, sechs Zahlen miteinander zu kombinieren.

Ein weiteres Beispiel, das insbesondere die Kartenspieler interessieren dürfte, ist die Zahl der möglichen Kombinationen beim Poker mit fünf Karten. Es gibt 52 × 51 × 50 × 49 × 48 verschiedene Möglichkeiten, fünf Karten in einer bestimmten Reihenfolge auszuteilen. Wenn die Reihenfolge nicht von Bedeutung ist, teilen wir das Ergebnis durch (5 × 4 × 3 × 2 × 1) und erhalten so 2 598 960 mögliche Kartenkombinationen. Mit Hilfe dieser Zahl lassen sich verschiedene nützliche Wahrscheinlichkeitsberechnungen durchführen. Die Wahrscheinlichkeit, beispielsweise vier Asse zu bekommen, liegt bei $^{48}/_{2\,598\,960}$ (= ungefähr eins zu 50 000). Es gibt nämlich achtundvierzig verschiedene Möglichkeiten, ein

Blatt mit vier Assen zu bekommen, ebenso wie es achtundvierzig Möglichkeiten für die fünfte Karte gibt.

Es fällt auf, daß die Methode, wie die Zahl errechnet wird, in allen drei Beispielen die gleiche ist $(31 \times 30 \times 29)/(3 \times 2 \times 1)$ verschiedene Dreifach-Waffeln, $(40 \times 39 \times 38 \times 36 \times 35)/(6 \times 5 \times 4 \times 3 \times 2 \times 1)$ verschiedene Möglichkeiten, sechs Zahlen aus einer Menge von vierzig zu wählen, und $(52 \times 51 \times 50 \times 49 \times 48)/(5 \times 4 \times 3 \times 2 \times 1)$ verschiedene Poker-Blätter. Zahlen, die auf diese Weise errechnet werden, nennt man kombinatorische Koeffizienten. Man errechnet sie, wenn man wissen will, wie viele Möglichkeiten es gibt, *r* Elemente aus einer Menge von *n* Elementen auszuwählen (wobei vorausgesetzt wird, daß die Reihenfolge, in der die *r* Elemente ausgewählt werden, vernachlässigt werden kann).

Mit Hilfe der Multiplikationsregel lassen sich auch Wahrscheinlichkeiten berechnen. Nehmen wir zwei Ereignisse, die in keiner kausalen Beziehung zueinander stehen – das heißt, daß das Eintreten des einen Ereignisses keinen Einfluß auf das Eintreten des anderen Ereignisses hat. In diesem Fall wird die Wahrscheinlichkeit, daß beide eintreten, dadurch errechnet, daß man die Wahrscheinlichkeiten der beiden einzelnen Ereignisse miteinander multipliziert.

Ein Beispiel: Wenn man zweimal eine Münze wirft, liegt die Wahrscheinlichkeit, daß zweimal Kopf erscheint, bei $^1/_2 \times {}^1/_2 = {}^1/_4$, da es sich dabei um eine von vier gleichwertigen Wahrscheinlichkeiten – Zahl/Zahl; Zahl/Kopf; Kopf/Zahl; Kopf/Kopf – handelt. Aus dem gleichen Grund ist die Wahrscheinlichkeit, bei fünf Münzwürfen hintereinander Kopf zu erhalten, $(^1/_2)^5 = {}^1/_{32}$, da fünfmal hintereinander Kopf eine von zweiunddreißig gleichwertigen Wahrscheinlichkeiten ist. Da die Wahrscheinlichkeit, daß beim Roulette die Kugel auf Rot fällt, $^{18}/_{38}$ ist und da ein Fall der Kugel von allen anderen unabhängig ist, beträgt die Wahrscheinlichkeit, daß die

Kugel fünfmal hintereinander auf Rot fällt, $(^{18}/_{38})^5$ oder 0,024 = 2,4 %. Ähnlich ist es mit der Wahrscheinlichkeit, daß ein zufällig ausgewählter Mensch nicht im Juli geboren ist: sie liegt bei $^{11}/_{12}$. Wenn man davon ausgeht, daß die Geburtsdaten der Menschen voneinander unabhängig sind, liegt die Wahrscheinlichkeit, daß keiner von zwölf zufällig ausgewählten Menschen im Juli geboren ist, bei $(^{11}/_{12})^{12}$ oder 0,352 = 35,2 %.

Eines der ältesten bekannten Probleme der Wahrscheinlichkeitsrechnung wurde dem französischen Mathematiker und Philosophen Pascal von dem Spieler Antoine Gombaud Chevalier de Mère gestellt. De Mère wollte wissen, ob es wahrscheinlicher sei, mindestens eine Sechs bei vier Würfen mit einem Würfel oder mindestens eine Doppel-Sechs bei vierundzwanzig Würfen mit zwei Würfeln zu erhalten. Die Multiplikationsregel für Wahrscheinlichkeiten genügt, um die Lösung zu finden – wenn wir berücksichtigen, daß die Wahrscheinlichkeit, daß ein Ereignis nicht eintritt, gleich 1 minus der Wahrscheinlichkeit, daß es eintritt, ist (eine 20prozentige Wahrscheinlichkeit, daß es regnet, schließt eine 80prozentige Wahrscheinlichkeit ein, daß es nicht regnet).

Da $^5/_6$ die Wahrscheinlichkeit ist, bei einem Wurf mit einem Würfel keine Sechs zu würfeln, ist $(^5/_6)^4$ die Wahrscheinlichkeit, bei vier Würfen mit einem Würfel keine Sechs zu würfeln. Wenn wir diese Zahl von 1 subtrahieren, erhalten wir folglich die Wahrscheinlichkeit, daß das zweite Ereignis (keine Sechsen) nicht eintritt, das heißt, daß bei vier Versuchen mindestens eine Sechs dabei ist: $1 - (^5/_6)^4 = 0{,}52$. Ebenso ist die Wahrscheinlichkeit, daß bei vierundzwanzig Würfen mindestens einmal eine Doppel-Sechs kommt, $1 - (^{35}/_{36})^{24} = 0{,}49$.

Nun ein aktuelleres Beispiel: Wie hoch ist die Wahrscheinlichkeit, sich auf heterosexuellem Wege mit AIDS anzustecken? Das Risiko, daß man sich bei einem einmaligen ungeschützten heterosexuellen Verkehr mit einem

HIV-positiven Partner infiziert, wird auf eins zu fünfhundert geschätzt (dies ist das Durchschnittsergebnis aus einer Anzahl von Untersuchungen). Also liegt die Wahrscheinlichkeit, daß man sich *nicht* infiziert, bei $499/500$. Wenn man davon ausgeht, daß die Ansteckung durch einen einzelnen Geschlechtsakt herbeigeführt wird, dann beträgt die Wahrscheinlichkeit, daß man nach zweimaligem Verkehr nicht infiziert ist, $(499/500)^2$, und nach *n* Geschlechtsakten $(499/500)^n$. Da $(499/500)^{346}$ gleich $1/2$ ist, liegt die Wahrscheinlichkeit, daß man sich nicht infiziert, wenn man ein ganzes Jahr lang jeden Tag mit einem HIV-Positiven sexuell verkehrt, bei 50 Prozent.

Mit einem Kondom beträgt das Risiko, sich bei einem einmaligen heterosexuellen Verkehr mit einem infizierten Partner anzustecken, eins zu fünftausend, und geschützter Verkehr jeden Tag über zehn Jahre hinweg erhöht das Risiko der Ansteckung auf 50 Prozent. Wenn Ihr Partner nicht weiß, ob er infiziert ist, aber er oder sie nicht zu einer der bekannten Risikogruppen gehört, ist das Risiko, sich bei ungeschütztem Verkehr anzustekken, eins zu 5 Millionen, bei Verwendung eines Kondoms eins zu 50 Millionen. Sie laufen also eher Gefahr, bei einem Autounfall auf dem Nachhauseweg von einem solchen Stelldichein umzukommen.

Wenn zwei Leute gegensätzlicher Meinung sind, wird oft eine Münze geworfen, um eine Entscheidung herbeizuführen. Gelegentlich mag es vorkommen, daß der eine oder auch beide den Argwohn hegen, die Münze sei präpariert. Der Mathematiker John von Neumann hat einen schlauen kleinen Trick entwickelt, der auf der Multiplikationsregel basiert und es den Kontrahenten erlaubt, eine präparierte Münze zu verwenden und trotzdem ein faires Ergebnis zu erhalten.

Die Münze wird zweimal geworfen. Wenn zweimal Kopf oder zweimal Zahl erscheint, wird die Münze wiederum zweimal geworfen. Wenn zuerst Kopf und dann Zahl erscheint, hat der eine der beiden Kontrahenten gewonnen, und wenn zuerst Zahl und dann Kopf erscheint, hat der andere gewonnen. Die Wahrscheinlichkeiten für diese beiden Ergebnisse sind gleich hoch, auch wenn die Münze präpariert ist. Zum Beispiel: Wenn die Münze bei 60 Prozent der Würfe Kopf zeigt und bei 40 Prozent der Würfe Zahl, so hat die Wurffolge Kopf-Zahl eine Wahrscheinlichkeit von $0{,}6 \times 0{,}4 = 0{,}24$, und die Wurffolge Zahl-Kopf hat eine Wahrscheinlichkeit von $0{,}4 \times 0{,}6 = 0{,}24$. Deshalb können beide Kontrahenten darauf vertrauen, daß ein faires Ergebnis zustande kommt, auch wenn die Münze einseitig gewichtet ist.

Ein wichtiger Bereich, der eng mit der Multiplikationsregel und den kombinatorischen Koeffizienten verknüpft ist, ist die binomiale Wahrscheinlichkeitsverteilung. Sie kommt immer dann zum Zuge, wenn ein Vorgang oder ein Versuch als ›Erfolg‹ oder als ›Scheitern‹ enden kann und man an der Wahrscheinlichkeit interessiert ist, in *n* Versuchen *r* Erfolge zu erzielen. Wenn 20 Prozent aller Limonade aus einem Getränkeautomaten über den Rand der Becher fließt, wie hoch ist dann die Wahrscheinlickeit, daß exakt drei der nächsten zehn Becher überlaufen?/oder höchstens drei? Wenn eine Familie fünf Kinder hat, wie hoch ist dann die Wahrscheinlichkeit, daß drei davon Mädchen sind?/oder wenigstens zwei davon? Wenn ein Zehntel der Bevölkerung eine bestimmte Blutgruppe aufweist, wie hoch ist dann die Wahrscheinlichkeit, daß von hundert zufällig ausgewählten Leuten exakt acht diese Blutgruppe haben? /oder höchstens acht Leute?

Ich möchte mich auf die Frage mit dem Getränkeautomaten konzentrieren, bei dem 20 Prozent der Limonade über den Rand läuft. Die Wahrscheinlichkeit, daß die ersten drei Limonaden überlaufen und die folgenden sieben nicht, ist – gemäß der Multiplikationsregel bei der

Wahrscheinlichkeitsrechnung – $(0,2)^3 \times (0,8)^7$. Aber es gibt viele verschiedene Möglichkeiten, in welcher Reihenfolge drei von zehn Bechern überlaufen können, wovon jede die Wahrscheinlichkeit $(0,2)^3 \times (0,8)^7$ hat. Es könnte sein, daß nur die letzten drei Becher überlaufen oder nur der vierte, fünfte und der neunte Becher usw. Da es insgesamt $(10 \times 9 \times 8)/(3 \times 2 \times 1) = 120$ Möglichkeiten gibt, drei Becher aus einer Summe von zehn auszuwählen (kombinatorischer Koeffizient), ist die Wahrscheinlichkeit, daß exakt drei Becher überlaufen, $120 \times (0,2)^3 \times (0,8)^7$.

Die Wahrscheinlichkeit, daß höchstens drei Becher überlaufen, wird errechnet, indem man die Wahrscheinlichkeit bestimmt, mit der exakt drei Becher überlaufen – was wir getan haben –, und dies addiert mit den Wahrscheinlichkeiten, daß exakt zwei, ein und null Becher überlaufen (was sich mit dem gleichen Verfahren errechnen läßt). Zum Glück gibt es Tabellen und gute Näherungswerte, die das Rechenverfahren abkürzen.

Was Sie mit Julius Cäsar gemeinsam haben

Zum Schluß noch zwei Anwendungsbeispiele für die Multiplikationsregel – wovon das eine deprimierend, das andere hingegen erfreulicher ist. Beim ersten geht es um die Frage, wie hoch die Wahrscheinlichkeit ist, daß man nicht einer Krankheit, einem Unfall oder einem anderen Unglück aus einem breiten Spektrum von Unglücksfällen erliegt. Zu 99 Prozent werden wir nicht bei einem Autounfall getötet werden, und zu 98 Prozent werden wir einem Unfall im Haushalt entgehen. Zu 95 Prozent werden wir von einer Lungenkrankheit verschont bleiben, zu 90 Prozent werden wir nicht dem Wahnsinn verfallen. Die Wahrscheinlichkeit, daß uns Krebs und Herzkrankheiten erspart bleiben, liegt bei 80 beziehungsweise 75 Prozent. Diese Zahlen dienen nur zur Illustration; es gibt für einen weiten Bereich von schrecklichen Unglücksfällen genaue Schätzungen. Während die Chance, einer bestimmten Krankheit oder einem bestimmten Unfall zu entgehen, ermutigend hoch ist, kann dies von der Wahrscheinlichkeit, allem nur denkbaren Unheil zu entgehen, nicht gesagt werden. Wenn wir die oben genannten Wahrscheinlichkeiten multiplizieren (und unterstellen, daß diese Unglücksfälle weitgehend voneinander unabhängig sind), wird das Produkt beunruhigend schnell klein: Schon die Wahrscheinlichkeit, einem der oben genannten Unglücksfälle nicht zu erliegen, beträgt weniger als 50 Prozent. Es kann einem schon etwas flau im Magen werden, wenn man sieht, wie diese harmlose Multiplikatonsregel unsere Sterblichkeit erhöht.

Nun zu einem erfreulicheren Ausblick: zu einer Form der Unsterblichkeit. Atmen Sie erst einmal tief durch. Nehmen wir an, Shakespeares Drama hält sich an die historische Wahrheit und Julius Cäsar hat tatsächlich »Auch du, Brutus« gehaucht, bevor er starb. Wie groß ist dann die Möglichkeit, daß Sie gerade ein Molekül des letzten Seufzers einatmen, den Julius Cäsar vor seinem Tode ausstieß? Die verblüffende Antwort lautet: Die Wahrscheinlichkeit, daß Sie eben ein solches Molekül einatmen, liegt bei über 99 Prozent.

Für diejenigen, die mir nicht glauben: Ich gehe davon aus, daß nach mehr als zweitausend Jahren die ausgeatmeten Moleküle gleichförmig über die ganze Welt verteilt sind und daß sich ihre überwiegende Mehrzahl ungebunden in der Atmosphäre bewegt. In diesem Fall aber ist es sehr einfach, die entsprechende Wahrscheinlichkeit zu berechnen. Wenn es n Moleküle in der Luft auf der ganzen Welt gibt und Cäsar a davon ausgeatmet, hat, dann ist die Wahrscheinlichkeit, daß ein beliebiges Molekül, das Sie einatmen, von Cäsar stammt, a/n. Die

Wahrscheinlichkeit, daß ein beliebiges Molekül, das Sie einatmen, nicht von Cäsar stammt, liegt folglich bei $1 - {}^{a}/_{n}$. Gemäß der Multiplikationsregel beträgt die Wahrscheinlichkeit, daß von drei Molekülen, die Sie einatmen, keines von Cäsar stammt, $[1 - {}^{a}/_{n}]^3$. Wenn Sie *b* Moleküle einatmen, ist die Wahrscheinlichkeit, daß keines davon von Cäsar stammt, ungefähr $[1 - {}^{a}/_{b}]^b$. Die Wahrscheinlichkeit, daß das komplementäre Ereignis eintritt, daß Sie also wenigstens eines von Cäsars ausgeatmeten Molekülen einatmen, beträgt daher $1 - [1 - {}^{a}/_{b}]^b$. Sowohl *a* als auch *b* (jedes davon etwa vier Fünftel eines Liters oder $2{,}2 \times 10^{22}$) und *n* (etwa 10^{44} Moleküle) sind so beschaffen, daß die Wahrscheinlichkeit größer ist als 0,99. Es ist faszinierend, daß wir alle wenigstens in dieser Hinsicht gelegentlich Teil des anderen sind.

2. KAPITEL

Wahrscheinlichkeit und Zufall

Es ist kein Wunder, daß im Laufe der Zeit, wenn das Glück sich hierhin und dorthin wendet, zahlreiche Zufälle eintreten.

Plutarch

»Sie sind also auch Steinbock. Das ist ja aufregend!«

Ein Mann, der viel auf Reisen ist, macht sich Sorgen darüber, daß an Bord seines Flugzeuges eine Bombe sein könnte. Er berechnet, wie groß die Wahrscheinlichkeit hierfür sei, und stellt fest, daß sie äußerst niedrig ist. Da sie ihm aber nicht niedrig genug ist, reist er jetzt immer mit einer Bombe im Koffer. Er begründet dies damit, daß die Wahrscheinlichkeit, daß sich zwei Bomben an Bord befänden, verschwindend gering sei.

Der Zufall der Geburt

Sigmund Freud sagte einmal, daß es so etwas wie Zufall überhaupt nicht gebe. Carl Jung sprach von den Geheimnissen der Synchronizität. Im Alltag plappern die Leute ständig und bei allen Gelegenheiten über die »Ironie des Schicksals«. Ob wir nun von Zufall, Synchronizität oder

Ironie des Schicksals sprechen – solche Vorkommnisse sind weitaus häufiger, als die meisten Leute annehmen.

Einige typische Beispiele: »Oh, mein Schwager ging auch dort zur Schule, und der Sohn meines Freundes mäht immer den Rasen des Direktors, und die Tochter meines Nachbarn kennt ein Mädchen, das einmal Cheerleader* für die Schule war.« – »Seit sie mir heute morgen erzählte, wie sehr sie sich ängstigt, wenn er draußen auf dem See fischen geht, hatten wir vier Vorkommnisse, die mit Fischen zusammenhingen. Es gab Fisch zum Mittagessen, dann war da das Fischmuster auf Carolines Kleid, dann ...« – Christoph Kolumbus entdeckte die Neue Welt im Jahr 1492, Enrico Fermi, ebenfalls Italiener, entdeckte die neue Welt des Atoms im Jahr 1942. – Der INF-Vertrag zwischen Reagan und Gorbatschow wurde am 8. Dezember 1987 unterzeichnet, genau sieben Jahre nach der Ermordung von John Lennon.

Mathematische Analphabeten neigen dazu, die Häufigkeit von Zufällen drastisch zu unterschätzen und Übereinstimmungen aller Art große Bedeutung einzuräumen, während schlüssige, aber nicht so spektakuläre statistische Beweise wesentlich weniger Eindruck auf sie machen. Wenn solche Menschen die Gedanken eines anderen vorauszuahnen meinen oder wenn sie irgendwo lesen, daß Präsident Kennedys Sekretärin Lincoln hieß und Präsident Lincolns Sekretärin Kennedy, wird das als Beweis für irgendeinen wundersamen, geheimnisvollen Gleichklang interpretiert, der in ihrem persönlichen Universum herrscht. Für mich ist es immer wieder deprimierend, wenn ich Menschen begegne, die intelligent und aufgeschlossen scheinen, mich dann aber sofort nach meinem Sternzeichen fragen und sogleich beginnen, Charakterzüge meiner Persönlichkeit zu vermerken, die mit diesem Zei-

* Die Cheerleader, wörtlich ›Einpeitscher‹, sorgen v. a. bei Sportveranstaltungen dafür, daß die Mannschaften vom Publikum angefeuert werden (Anm. d. Übers.)

chen übereinstimmen (ganz gleichgültig, welches Sternzeichen ich angegeben habe).

Die überraschend hohe Wahrscheinlichkeit von Zufällen wird durch ein Ergebnis der Wahrscheinlichkeitsforschung veranschaulicht. Da ein Jahr 366 Tage hat (wenn man den 29. Februar mitzählt), müßten 367 Menschen zusammenkommen, damit wir absolut sicher sein könnten, daß mindestens zwei am gleichen Tag Geburtstag haben.

Wenn wir uns aber nur mit einer fünfzigprozentigen Gewißheit zufriedengeben würden, daß dies zutrifft? Wie viele Leute müßten sich dann in der Gruppe befinden, damit die Wahrscheinlichkeit, daß mindestens zwei Personen am gleichen Tag Geburtstag haben, $1/2$ wäre? Eine erste Mutmaßung könnte sein, daß es 183 sein müßten, also etwa die Hälfte von 365. Die überraschende Antwort lautet jedoch, daß es nur 23 sein müßten. Um es anders auszudrücken: In der Hälfte der Fälle, in denen 23 zufällig ausgewählte Leute zusammen sind, haben zwei oder mehr von ihnen am gleichen Tag Geburtstag.

Für die Leser, die dies nicht einfach guten Glaubens hinnehmen wollen, folgt hier eine kurze Herleitung: Nach der Multiplikationsregel beträgt die Anzahl der Möglichkeiten, wie fünf Daten ausgewählt werden können $365 \times 365 \times 365 \times 365 \times 365$. Von all diesen 365^5 Möglichkeiten sind jedoch nur $365 \times 364 \times 363 \times 362 \times 361$ so geartet, daß keine zwei Daten gleich sind; jeder beliebige Tag der 365 kann als erster, jeder der verbleibenden 364 Tage kann als nächster gewählt werden und so weiter. Wenn wir also das Produkt ($365 \times 364 \times 363 \times 362 \times 361$) durch 365^5 dividieren, kommen wir zu dem Ergebnis, daß unter fünf zufällig ausgewählten Personen wahrscheinlich keiner am gleichen Tag Geburtstag hat. Wenn wir diese Wahrscheinlichkeit nun von 1 (oder von 100 Prozent, wenn wir mit Prozentzahlen rechnen) abziehen, erhalten wir das Ergebnis, daß wahrscheinlich mindestens zwei der fünf Personen am gleichen Tag Geburtstag haben. Wenn in einer entsprechenden Berechnung die Zahl 23 statt der 5 eingesetzt wird, kommen wir zu dem Ergebnis, daß die Wahrscheinlichkeit, daß mindestens zwei der dreiundzwanzig Personen einen gemeinsamen Geburtstag haben, 50 Prozent beträgt.

Vor einigen Jahren erwähnte jemand dieses Beispiel in der Johnny-Carson-Show.* Johnny Carson glaubte ihm nicht, wandte sich an die etwa einhundertzwanzig Leute im Zuschauerraum des Studios und fragte sie, wie viele von ihnen am 19. März Geburtstag hätten. Keiner meldete sich, und der Gast, der kein Mathematiker war, war mit seinem Latein am Ende. Er hätte sagen sollen, daß 23 Leute anwesend sein müßten, damit man zu 50 Prozent sicher sein könnte, daß unter ihnen zwei Personen an einem Tag Geburtstag hätten. Es ist aber nicht zu erwarten, daß sie an einem *bestimmten* Tag – wie zum Beispiel dem 19. März – Geburtstag haben. Eine wesentlich größere Anzahl von Personen, nämlich 253, ist erforderlich – erst dann kann man zu fünfzig Prozent damit rechnen, daß irgend jemand in der Gruppe am 19. März Geburtstag hat.

Denn: Da die Wahrscheinlichkeit, daß der Geburtstag einer Person nicht auf den 19. März fällt, 364/365 beträgt, und da Geburtstage voneinander unabhängige Ereignisse sind, ist die Wahrscheinlichkeit, daß zwei Personen am 19. März Geburtstag haben, $364/365 \times 364/365$. Also beträgt die Wahrscheinlichkeit, daß n Personen am 19. März Geburtstag haben, $(364/365)^n$, woraus sich bei einem n von 253 etwa $1/2$ ergibt. Daher ist die komplementäre Wahrscheinlichkeit, daß mindestens einer dieser 253 Menschen am 19. März geboren wurde, ebenfalls $1/2$ oder 50 Prozent.

* Populäre Talk-Show, die fast täglich zu mitternächtlicher Stunde landesweit vom US-Fernsehen ausgestrahlt wird (Anm. d. Übers.)

Was lernen wir daraus? Es ist wahrscheinlich, daß *irgendein* unwahrscheinliches Ereignis eintritt, während es wesentlich unwahrscheinlicher ist, daß ein *bestimmtes* unwahrscheinliches Ereignis eintritt. Martin Gardner, der Mathematiker und Schriftsteller, veranschaulicht den Unterschied zwischen *allgemeinen* und *genauer bestimmten* Ereignissen anhand eines Kreisels, auf den die sechsundzwanzig Buchstaben des Alphabets aufgemalt sind. Wird der Kreisel nun hundertmal gedreht und die Buchstaben werden notiert, ist die Wahrscheinlichkeit, daß zum Beispiel das Wort KALT oder WARM erscheint, sehr gering – während die Wahrscheinlichkeit, daß *irgendein* Wort auftaucht, sehr hoch ist.

Die paradoxe Schlußfolgerung lautet, daß es sehr unwahrscheinlich wäre, wenn unwahrscheinliche Ereignisse *nicht* einträfen. Wenn man ein Ereignis voraussagt, aber nicht genauer charakterisiert, gibt es eine unendliche Vielfalt von Möglichkeiten, daß es eintritt.

Medizinische Quacksalberei und Fernsehpredigten werden in unserem nächsten Kapitel behandelt werden, aber ich möchte bereits an dieser Stelle darauf hinweisen, daß deren Voraussagen für gewöhnlich außerordentlich vage ausfallen und daher die Wahrscheinlichkeit, daß irgend etwas Derartiges eintrifft, sehr hoch ist. Es sind die *spezifischen* Vorhersagen, die selten Wirklichkeit werden. Daß *irgendein* bekannter Politiker sich einer Geschlechtsumwandlung unterziehen wird, wie dies ein Hellseher in einer Zeitung vorhergesagt hat, ist bedeutend wahrscheinlicher als die Vorstellung daß gerade New Yorks Bürgermeister Koch dies tun wird. Daß die Magenschmerzen *irgendeines* Zuschauers gelindert werden, während der Fernsehprediger die Symptome anspricht, ist bei weitem wahrscheinlicher als die Annahme, daß dies bei einem *ganz bestimmten* Zuschauer geschehen wird. Auch Versicherungspolicen, die einen breiten Geltungsbereich haben und so ziemlich jedes Mißgeschick abdecken, sind auf lange Sicht sicherlich rentabler als eine Versicherung, die sich nur auf eine bestimmte Krankheit oder auf eine bestimmte Reise bezieht.

Zufällige Begegnungen

Zwei Fremde aus verschiedenen Gegenden der Vereinigten Staaten sitzen auf einer Geschäftsreise nach Milwaukee nebeneinander und stellen fest, daß die Frau des einen in einem Tenniscamp war, das von einem Bekannten des anderen geleitet wird. Zu solchen zufälligen Zusammentreffen kommt es erstaunlich häufig. Wenn wir davon ausgehen, daß jeder der etwa zweihundert Millionen Erwachsenen in den Vereinigten Staaten ungefähr 1500 Leute kennt und daß sich diese 1500 Leute ziemlich gleichmäßig über das ganze Land verteilen, dann beträgt die Wahrscheinlichkeit etwa 1 zu 100, daß sie einen gemeinsamen Bekannten haben, und mehr als 99 zu 100, daß sie durch eine Kette von zwei Zwischengliedern miteinander verbunden sind.

Wir können unter diesen Bedingungen also fast sicher sein, daß zwei zufällig ausgewählte Personen durch eine Kette von zwei Zwischengliedern verbunden sind, wie es auch bei den beiden Geschäftsreisenden der Fall war. Ob sie jedoch im Verlauf ihrer Unterhaltung auf alle von den etwa 1500 Leute, die sie jeweils kennen, zu sprechen kommen und so auf die Zwischenglieder, die sie verbinden, überhaupt aufmerksam werden, ist außerordentlich zweifelhaft.

Wir können auch von weniger rigiden Voraussetzungen ausgehen. Vielleicht kennt der durchschnittliche Erwachsene ja auch weniger als 1500 andere Erwachsene. Noch wahrscheinlicher ist es, daß seine Bekannten zum größten Teil in der Nähe leben und nicht willkürlich über das ganze Land verteilt sind. Selbst in diesem Fall ist jedoch die Wahrscheinlichkeit, daß zwei zufällig ausgesuchte Personen durch zwei Zwischenglieder verbunden sind, unerwartet hoch.

Eine eher empirische Annäherung an das Problem des zufälligen Zusammentreffens wählte der Psychologe Stanley Milgram, der jedem Mitglied einer nach dem Zufallsprinzip zusammengestellten Gruppe ein Schriftstück gab und ihm eine (andere) ›Zielperson‹ zuteilte, der er dieses Schriftstück zukommen lassen sollte. Jede Versuchsperson sollte das Schriftstück an diejenige ihr bekannte Person schicken, von der sie annahm, daß sie mit größter Wahrscheinlichkeit mit der Zielperson bekannt sein müsse. Auf diese Weise war das Schriftstück so lange unterwegs, bis es die Zielperson erreicht hatte. Es stellte sich heraus, daß die Zahl der Zwischenglieder zwischen zwei und zehn lag; am häufigsten waren es fünf. Diese Studie ist sehr aufschlußreich; sie gibt uns eine Vorstellung davon, wie es dazu kommt, daß sich vertrauliche Informationen, Gerüchte und Witze so rasch innerhalb der Bevölkerung verbreiten.

Ist eine Zielperson sehr bekannt, so ist die Anzahl der Zwischenglieder sogar noch kleiner – vor allem dann, wenn man eine Verbindung mit einer oder zwei Berühmtheiten hat. Wie viele Zwischenglieder gibt es zwischen Ihnen und dem ehemaligen Präsidenten Reagan? Sagen wir, die Zahl sei n. Dann ist die Zahl der Zwischenglieder, die zwischen Ihnen und Generalsekretär Gorbatschow liegen, kleiner/gleich $(n + 1)$, da Reagan mit Gorbatschow zusammengetroffen ist. Wie viele Zwischenglieder gibt es zwischen Ihnen und Elvis Presley? Wiederum kann die Zahl nicht größer sein als $(n + 2)$, da Reagan und Nixon einander begegnet sind und Nixon sich wiederum mit Presley traf. Die meisten Menschen sind überrascht, wenn sie merken, wie kurz die ›Kette‹ ist, die sie mit einer berühmten Persönlichkeit verbindet.

Im ersten Semester auf dem College verfaßte ich einen Brief an den englischen Philosophen und Mathematiker Bertrand Russell. Ich schrieb ihm, daß er für mich seit der Grundschule immer ein großes Vorbild gewesen sei, und bat ihn, mir seine Ausführungen zu Hegels Theorie der Logik zu erläutern. Russell beantwortete meinen Brief nicht nur, sondern nahm die Antwort auch in seine Autobiographie auf, wo sie jetzt zwischen Briefen an Nehru, Chruschtschow, T. S. Eliot, D. H. Lawrence, Ludwig Wittgenstein und andere Größen steht. Es ist also *ein* Zwischenglied, das mich mit all diesen historischen Persönlichkeiten verbindet: nämlich Russell.

Ein weiteres Beispiel, das die Wahrscheinlichkeit zufälligen Zusammentreffens illustriert: Eine große Gruppe von Männern gibt in einem Restaurant die Hüte an der Garderobe ab, worauf die Garderobiere prompt alle Nummern der Hüte durcheinanderbringt. Wie hoch ist nun die Wahrscheinlichkeit, daß beim Weggehen mindestens einer der Männer seinen eigenen Hut wiederbekommt? Man ist natürlich versucht zu glauben, daß diese Wahrscheinlichkeit äußerst gering ausfällt, wenn sehr viele Männer beteiligt sind. Überraschenderweise bekommt in etwa 63 Prozent der Fälle mindestens ein Mann den Hut zurück, der ihm wirklich gehört.

Anders ausgedrückt: Wenn tausend adressierte Umschläge und tausend adressierte Briefe gründlich durcheinandergemischt werden und man dann in jeden Umschlag einen Brief steckt, beträgt die Wahrscheinlichkeit, daß sich mindestens ein Brief im richtigen Umschlag befindet, ebenfalls etwa 63 Prozent. Ein anderes Beispiel: Wenn die Karten aus zwei gut gemischten Kartenspielen eine nach der anderen parallel aufgedeckt werden, liegt die Wahrscheinlichkeit, daß mindestens ein Paar gleicher Karten erscheint, ebenfalls bei 63 Prozent. (Eine Frage am Rande: Wieso reicht es, nur eines der beiden Spiele gründlich zu mischen?)

Ein Postbote hat einundzwanzig Briefe in zwanzig Briefkästen zu verteilen. Da 21 größer ist als 20, kann er, selbst wenn er nicht auf die Adressen schaut, sicher sein, daß mindestens in einen Briefkasten mehr als ein Brief kommt. Dieses anschauliche Beispiel kann sehr nützlich sein, wenn es darum geht, Behauptungen zu belegen, die nicht ganz so offensichtlich sind wie die obige.

Ein letztes Beispiel: Wußten Sie, daß mindestens zwei der Einwohner von Philadelphia die gleiche Zahl von Haaren auf dem Kopf haben? Nehmen wir die Zahlen bis 500 000, eine Menge, die gewöhnlich als obere Grenze für die Anzahl von Kopfhaaren angesehen wird. Stellen Sie sich nun vor, diese Zahlen wären Schildchen auf einer halben Million Briefkästen. Stellen Sie sich weiter vor, jeder der 2,2 Millionen Einwohner sei ein Brief und müsse in den Briefkästen befördert werden, dessen ›Nummer‹ der Anzahl von Haaren auf seinem oder ihrem Kopf entspricht. Wenn also zum Beispiel Philadelphias Bürgermeister Wilson Goode 223 569 Haare auf dem Kopf hat, müßte er in den Briefkasten mit dieser Nummer geworfen werden.

Da aber 2 200 000 weitaus mehr ist als 500 000, können wir ganz sicher sein, daß mindestens zwei Leute die gleiche Anzahl von Haaren auf dem Kopf haben, das heißt, daß in irgendeinem Briefkasten mindestens zwei Einwohner Philadelphias landen werden. (Tatsächlich können wir sogar sicher sein, daß mindestens fünf Einwohner von Philadelphia die gleiche Anzhal von Haaren auf dem Kopf haben. Warum?)

Ein Börsen-Trick

Börsenberater gibt es überall, und wahrscheinlich findet man immer einen, der einem alles vorhersagt, was man gerne hören möchte. Sie treten meist sehr selbstbewußt auf und verbreiten sich wortgewaltig über mysteriöse Dinge wie Kaufoptionen, Hypothekenpfandbriefe und Null-Dividenden. Meiner unmaßgeblichen Erfahrung nach wissen die meisten von ihnen überhaupt nicht, wovon sie reden, aber angeblich wissen es einige doch.

Wenn Sie nun von einem Börsenberater per Post sechs Wochen lang zutreffende Vorhersagen über das Verhalten einer bestimmten Aktie erhielten und dann gebeten würden, für die siebte solche Vorhersage zu bezahlen, würden Sie das tun? Nehmen wir einmal an, Sie sind wirklich interessiert und das Angebot wird Ihnen vor dem Börsensturz vom 19. Oktober 1987 gemacht. Wenn Sie bereit wären, für die siebte Vorhersage zu bezahlen, würden Sie möglicherweise folgendem raffinierten Schwindel zum Opfer fallen.

Nehmen wir an, ein Möchtegern-Berater druckt ein Firmenemblem auf extrafeines Briefpapier und verschickt 32 000 Briefe an potentielle Kapitalanleger. Die Briefe berichten vom hochentwickelten Computermodell seiner Firma, von seiner reichen Erfahrung in Finanzangelegenheiten und seinen guten Geschäftsbeziehungen. In 16 000 der Briefe wird die Vorhersage gemacht, daß die betreffende Aktie steigen wird, in den anderen 16 000 wird vorausgesagt, daß sie fällt. Es ist nun völlig gleichgültig, ob die Aktie steigt oder fällt; jedenfalls wird denjenigen, die eine korrekte ›Vorhersage‹ erhalten haben, ein weiterer Brief zugesandt. 8000 von ihnen wird für die darauf folgende Woche vorhergesagt, daß die Aktie steigt, den anderen 8000 das Gegenteil. Damit haben naturgemäß 8000 Leute eine weitere korrekte Vorhersage erhalten.

Dieses Spiel wird noch ein paarmal wiederholt, bis schließlich 500 Personen sechs richtige Voraussagen erhalten haben. Diesen 500 Leuten wird nun das Angebot unterbreitet, daß sie auch in der siebten Woche diese wertvolle Information erhalten könnten – wenn sie

500 Dollar bezahlen. Wenn alle 500 Adressaten darauf eingehen, verdient der Berater bei diesem ›Geschäft‹ 250 000 Dollar. Geschieht dies in betrügerischer Absicht, dann handelt es sich um gesetzwidrige Hochstapelei. Wenn ehrliche, aber unwissende Herausgeber von Börsenzeitungen, Quacksalber und Fernsehprediger solche Vorhersagen in die Welt setzen, hält man das dagegen für akzeptabel. Es gibt immer genügend zufällige Erfolge – und genügend Gläubige, die sich davon beeindrucken lassen.

Diejenigen Menschen, die ihr Glück versuchen und dabei scheitern, werden im allgemeinen über ihre Erfahrungen schweigen. Aber es wird immer ein paar Leute geben, die dabei großes Glück haben und lauthals die Wirksamkeit ›ihres‹ Systems – oder ›ihres‹ Wunderheilers – preisen werden. Daraufhin werden andere Leute ihrem Beispiel folgen, und ein Modetrend wird geboren, der sich wider alle Vernunft eine Weile hält.

In unserer Gesellschaft besteht eine sehr starke Tendenz, das Schlechte und das Mißlungene auszublenden und einseitig das Gute und Erfolgreiche hervorzuheben. Casinos wissen diese Neigung zu bestärken, indem sie sicherstellen, daß jeder Vierteldollar, der am Spielautomaten gewonnen wird, Lichter aufleuchten läßt und mit einem verlockenden Klimpern herabfällt. Wenn man all die Lichter sieht und all das Geklimper hört, ist es nicht schwer, den Eindruck zu bekommen, daß hier jedermann gewinnt. Verluste und Mißerfolge machen keinen Lärm. Desgleichen werden unerwartet hohe Spekulationsgewinne an der Börse in der Presse groß herausgebracht, während die Pleiten kaum Erwähnung finden. Und mancher Wunderheiler, der jede zufällige Besserung als Erfolg seiner Behandlung verbucht, lehnt jede Verantwortung ab, wenn der Blinde, dem er geholfen hat, daraufhin gelähmt ist.

Das Phänomen des Filterns von Information ist sehr

weit verbreitet und zeigt sich auf vielfältige Weise. In fast allen Bereichen ist der Durchschnittswert einer großen Menge von Messungen etwa der gleiche wie der Durchschnittswert einer kleinen Anzahl von Messungen, während der Extremwert bei einer großen Anzahl von Messungen wesentlich extremer ist als bei nur wenigen Messungen. Die durchschnittliche Höhe des Wasserspiegels eines bestimmten Flusses dürfte über einen Zeitraum von fünfundzwanzig Jahren betrachtet etwa die gleiche sein wie in einer Zeitspanne von einem Jahr; die schlimmste Flut innerhalb eines Zeitraums von fünfundzwanzig Jahren ist jedoch wahrscheinlich bedeutend höher als diejenige in einer Spanne von nur einem Jahr. Der durchschnittliche Wissenschaftler in dem kleinen Belgien ist sicher vergleichbar mit dem durchschnittlichen Wissenschaftler in den Vereinigten Staaten; der beste Wissenschaftler in den Vereinigten Staaten aber dürfte im allgemeinen sicherlich qualifizierter sein als der beste belgische.

Was bedeutet das nun? Weil die Menschen sich zumeist auf Gewinner und auf Extremwerte konzentrieren, gibt es immer die Tendenz, Sportergebnisse oder Leistungen von Künstlern und Wissenschaftlern abzuwerten, indem man sie mit Ausnahmefällen vergleicht. Diesen Mechanismus gibt es auch in anderen Bereichen: Internationale Nachrichten sind im allgemeinen schlechter als nationale Nachrichten, die ihrerseits wiederum schlechter sind als Nachrichten aus dem jeweiligen Bundesstaat, die wiederum schlechter sind als die lokalen Nachrichten, die wiederum schlechter sind als die Neuigkeiten aus der eigenen Wohngegend. Entsprechend fassungslos reagieren die Menschen, wenn es einmal direkt vor ihrer Haustür zu einer Katastrophe kommt: »Ich kann das nicht verstehen. So etwas ist hier noch nie passiert.«

Ein letztes Beispiel: Vor der Einführung von Radio, Fernsehen und Film konnten Musiker und Sportler in der Provinz ein loyales einheimisches Publikum um sich versammeln, denn sie waren die Besten, die die meisten dieser Leute jemals gesehen hatten. Inzwischen jedoch ist das Publikum selbst in ländlichen Gegenden nicht mehr zufrieden mit einheimischen Unterhaltungskünstlern und verlangt Weltklasse-Talente. Insofern waren diese neuen Medien gut für das Publikum, aber schlecht für die Künstler.

Erwartungswerte: von Blutuntersuchungen zum Chuck-a-Luck

Zufälle und Extremwerte springen ins Auge, aber durchschnittliche oder ›erwartete‹ Werte sind im allgemeinen wesentlich informativer. Der ›Erwartungswert‹ ist einfach der Durchschnitt der Werte, die nach ihrer Wahrscheinlichkeit gewichtet werden. Wenn zum Beispiel in $1/4$ der Fälle das Merkmal gleich 2 ist, in $1/3$ der Fälle gleich 6, in einem weiteren $1/3$ der Fälle 15 und im restlichen $1/12$ der Fälle gleich 54, dann beträgt der Erwartungswert 12. Denn: $12 = (2 \times 1/4) + (6 \times 1/3) + (15 \times 1/3) + (54 \times 1/12)$.

Nehmen wir an, eine Versicherungsgesellschaft geht berechtigterweise davon aus, daß sich jedes Jahr im Durchschnitt bei einer von 10 000 Policen ein Anspruch auf 200 000 Dollar ergibt; bei einer von 1000 Policen ein Anspruch von 50 000 Dollar; bei einer von 50 Policen ein Anspruch von 2000 Dollar, und bei den restlichen Policen ein Anspruch von 0 Dollar. Die Versicherungsgesellschaft möchte nun gerne wissen, wieviel die durchschnittliche Auszahlung pro ausgeschriebener Police beträgt. Die Antwort ist der Erwartungswert, der in diesem Fall (200 000 Dollar $\times$ $1/10\,000$) + (50 000 Dollar $\times$ $1/1000$) + (2000 Dollar $\times$ $1/50$) + (0 Dollar $\times$ $9789/10\,000$) = 20 Dollar + 50 Dollar + 40 Dollar = 110 Dollar beträgt.

Die erwartungsgemäße Auszahlung an einem Spielautomaten wird auf die gleiche Art und Weise bestimmt. Jede Auszahlung wird multipliziert mit der Wahrscheinlichkeit ihres Eintretens; diese Produkte werden dann addiert und ergeben den Durchschnitt beziehungsweise den Erwartungswert der Auszahlung. Wenn zum Beispiel das Erscheinen einer Kirsche in allen drei Fenstern des Automaten eine Auszahlung von 80 Dollar ergibt und die Wahrscheinlichkeit dieses Ereignisses $(1/20)^3$ beträgt (nehmen wir an, es gibt auf jeder Skala zwanzig Symbole und darunter jeweils nur eine Kirsche), dann multiplizieren wir die 80 Dollar mit $(1/20)^3$ und addieren zu diesem Produkt die Produkte der übrigen Auszahlungen (wobei ein Verlust als negative Auszahlung gewertet wird) und ihre jeweilige Wahrscheinlichkeit.

Ein weiteres, nicht ganz so ›spielerisches‹ Beispiel: Nehmen wir an, ein Krankenhaus führt Blutuntersuchungen durch, um eine bestimmte Krankheit zu identifizieren, an der etwa einer von hundert Menschen erkrankt. Die Leute kommen in Gruppen von 50 Personen zur Klinik, und der Direktor überlegt sich nun, ob er die 50 Blutproben zusammenfassen und gemeinsam untersuchen soll, anstatt jede Probe einzeln zu testen. Wenn das Ergebnis bei der zusammengefaßten Probe negativ ausfiele, könnte er die gesamte Gruppe als gesund diagnostizieren; wäre dies nicht der Fall, könnte er immer noch jede Person einzeln testen.

Der Direktor muß also entweder 1 Test durchführen (wenn das Ergebnis bei den zusammengefaßten Blutproben negativ ausfällt), oder er muß 51 Tests machen (wenn das Ergebnis positiv ausfällt). Die Wahrscheinlichkeit, nach der eine Person gesund ist, beträgt $99/100$, also ist die Wahrscheinlichkeit, daß alle fünfzig Personen gesund sind, $(99/100)^{50}$. Andererseits ist die Wahrscheinlichkeit, daß mindestens eine Person an der Krankheit leidet, $1 - (99/100)^{50}$. Demnach beträgt die Wahrscheinlichkeit, daß er einundfünfzig Tests durchführen muß, $1 - (^{99}/_{100})^{50}$. Demzufolge ist der Erwartungswert für die Anzahl der notwendigen Tests 1 Test $\times (^{99}/_{100})^{50}$ + 51 Tests $\times (1 - {}^{99}/_{100})^{50})$ = etwa 21 Tests.

Wenn sich eine große Zahl von Menschen der Blutuntersuchung unterziehen will, wäre es eine weise Entscheidung, wenn der Krankenhausdirektor zunächst einen Teil jeder Probe zusammenfaßt und diese gemeinsam untersucht. Wenn nötig, könnte er darauf den jeweils übriggebliebenen Teil der fünfzig Blutproben einzeln untersuchen. Im Durchschnitt würde dieses Vorgehen nur einundzwanzig Tests bei der Untersuchung von fünfzig Personen erforderlich machen.

Das Verständnis von Erwartungwerten ist hilfreich bei der Analyse der meisten Glücksspiele, so zum Beispiel auch des weniger bekannten Spiels ›Chuck-a-Luck‹, das man auf Volksfesten im Mittelwesten und in England spielt.

Auf den ersten Blick betrachtet, sind die Gewinnchancen bei diesem Spiel erstaunlich gut: Der Spieler wählt eine Zahl zwischen 1 und 6, und der Spielleiter würfelt mit drei Würfeln. Erscheint die Zahl, die man gewählt hat, auf allen drei Würfeln, hat man drei Dollar gewonnen; erscheint sie auf zwei der drei Würfel, bekommt man zwei Dollar; und wenn die gewählte Zahl nur auf einem der Würfel auftaucht, erhält man einen Dollar. Wenn die gewählte Zahl gar nicht auftaucht, muß der Spieler zahlen – allerdings nur einen Dollar. Bei drei verschiedenen Würfeln hat man also drei Möglichkeiten zu gewinnen.

Wie Joan Rivers* sagen würde: »Können wir rechnen?« (Wenn Sie lieber nicht rechnen möchten, überspringen Sie den Rest dieses Abschnittes.) Die Wahrscheinlichkeit, daß Sie gewinnen, ist natürlich die glei-

* Populäre amerikanische Kabarettistin und Nightclub-Komikerin, die für ihre bissigen Bemerkungen und rüden Witze berüchtigt ist (Anm. d. Übers.)

che, egal, welche Zahl Sie sich aussuchen; um unsere Berechnung konkret zu machen, nehmen wir einmal an, Sie wählen die Zahl 4. Da die Würfel voneinander unabhängig sind, liegen Ihre Chancen, daß eine 4 auf allen drei Würfeln erscheint, bei $1/6 \times 1/6 \times 1/6 = 1/216$; also gewinnen Sie in etwa $1/216$tel der Fälle drei Dollar.

Ihre Chance, daß eine 4 nur zweimal auftaucht, ist ein bißchen schwieriger zu berechnen, es sei denn, Sie benutzen die Binomialverteilung der Wahrscheinlichkeit, die bereits im ersten Kapitel erwähnt wurde und die ich in diesem Zusammenhang noch einmal erläutern möchte. Es gibt drei verschiedene und sich jeweils ausschließende Varianten für diesen Wurf: X44, 4X4 oder 44X, wobei das X eine andere Zahl darstellen soll. Die Wahrscheinlichkeit der ersten Möglichkeit beträgt $5/6 \times 1/6 \times 1/6 = 22/216$, ein Ergebnis, das auch für die zweite und die dritte Möglichkeit gilt. Wenn wir dies addieren, sehen wir, daß die Wahrscheinlichkeit, auf zwei der drei Würfel eine 4 zu bekommen, $15/216$ beträgt.

Die Wahrscheinlichkeit, daß *eine* 4 auf den drei Würfeln erscheint, wird nach der gleichen Methode bestimmt. Die Wahrscheinlichkeit, 4XX, X4X oder XX4 zu bekommen, beträgt $1/6 \times 5/6 \times 5/6 = 25/216$. Durch die Addition gelangt man zu dem Ergebnis, daß die Wahrscheinlichkeit, daß *eine* 4 gewürfelt wird, $75/216$tel beträgt. Und wie groß ist die Wahrscheinlichkeit, daß überhaupt keine 4 erscheint, wenn man mit den drei Würfeln würfelt? Um dies herauszufinden, müssen wir einfach berechnen, wieviel Wahrscheinlichkeit noch übrigbleibt. Das heißt, wir subtrahieren $(1/216 + 15/216 + 75/216)$ von 1 (oder 100 Prozent) und bekommen $125/216$. Das bedeutet, daß man im Durchschnitt 125 von 216 Malen beim Chuck-a-Luck einen Dollar verliert.

Der Erwartungswert, daß man gewinnt, beträgt demzufolge (3 Dollar $\times\ 1/216$) + (2 Dollar $\times\ 15/216$) + (1 Dollar $\times\ 75/216$) + (– 1 Dollar $\times\ 125/216$) = $(-17/216)$ Dollar =

– 0,08 Dollar; also verliert man durchschnittlich acht Cent bei jedem Durchgang dieses scheinbar so gewinnträchtigen Spiels.

Partnerwahl

Es gibt zwei verschiedene Arten, nach der Liebe zu suchen – die eine läuft mehr über das Herz, die andere mehr über den Kopf. Keine von beiden scheint für sich allein besonders gut zu funktionieren, aber zusammen ... funktionieren sie immer noch nicht besonders gut. Dessenungeachtet sind die Erfolgsaussichten wahrscheinlich doch etwas besser, wenn beide Zugänge genutzt werden. Beim Gedanken an verflossene Liebesbeziehungen wird ein Mensch, der romantische Abenteuer eher mit dem Herzen angeht, wahrscheinlich zu dem Schluß kommen, daß er oder sie niemals wieder eine so tiefe Liebe empfinden wird. Jemand, der eher mit kühlem Kopf vorgeht, interessiert sich möglicherweise für das folgende Ergebnis der Wahrscheinlichkeitsforschung.

Das Modellbeispiel, das wir uns ansehen wollen, geht davon aus, daß unsere Heldin – nennen wir sie Maria – mit gutem Grund davon ausgeht, daß sie in der ›aktiven Phase‹ ihres Lebens auf *n* potentielle Ehemänner trifft. Dieses *n* kann für manche Frauen zwei bedeuten, für andere zweihundert. Die Frage, die Maria sich nun stellt, lautet: Wann soll ich Mr. X akzeptieren und auf die anderen Freier verzichten, die nach ihm kommen könnten und von denen manche möglicherweise ›besser‹ sind als er? Nehmen wir einmal an, daß Maria die Männer der Reihe nach trifft, daß sie beurteilen kann, wie gut der jeweilige Freier zu ihr paßt, und daß jeder, dem sie einen Korb gegeben hat, für immer von der Bildfläche verschwindet.

Stellen Sie sich zur Veranschaulichung vor, daß Maria bisher sechs Männern begegnet ist und daß sie diese folgendermaßen einstuft: 3 5 1 6 2 4. Das bedeutet, von den sechs Männern die ihr begegnet sind, mochte sie den ersten, den sie getroffen hat, am drittliebsten, den zweiten am fünftliebsten, den dritten am liebsten und so weiter. Wenn sie den siebten Mann, mit dem sie sich trifft, allen anderen außer ihrem Favoriten vorzieht, würde ihre auf den neuesten Stand gebrachte Reihenfolge so aussehen: 4 6 1 7 3 5 2. Nach jedem Treffen mit einem Mann bringt sie die ›Rangfolge‹ ihrer Freunde auf den aktuellen Stand und überlegt sich, nach welchen Regeln sie handeln soll, damit sie die größtmögliche Chance hat, wirklich den besten ihrer Freier auszuwählen.

Die Herleitung der besten Vorgehensweise folgt dem Prinzip der bedingten Wahrscheinlichkeit (die wir im nächsten Kapitel vorstellen werden); außerdem kommt ein wenig höhere Analysis zur Anwendung. Das Vorgehen selbst jedoch ist ganz einfach darzustellen. Maria sollte ungefähr die ersten 37 Prozent der *n* Kandidaten abweisen, denen sie voraussichtlich begegnen wird, und danach (wenn überhaupt) den ersten Bewerber, der sich als ›Herzensbrecher‹ erweist (also ihr mehr zusagt als alle bisherigen), akzeptieren.

Lassen Sie uns annehmen, daß Maria nicht sonderlich attraktiv ist und nur vier Bewerber trifft, die überhaupt in Frage kommen, und lassen Sie uns weiterhin annehmen, daß diese vier Männer ihr mit gleich hoher Wahrscheinlichkeit in einer der vierundzwanzig möglichen Reihenfolgen begegnen ($24 = 4 \times 3 \times 2 \times 1$).

Da 37 Prozent zwischen 25 Prozent und 50 Prozent liegt, ist die richtige Vorgehensweise hier problematisch, aber die beiden besten Strategien sehen so aus: (A) Sie gibt dem ersten Kandidaten einen Korb (25 Prozent von $n = 4$) und akzeptiert danach den ersten ›Herzensbrecher‹. (B) Sie gibt den ersten beiden Kandidaten einen

Korb (50 Prozent von $n = 4$) und akzeptiert danach den ersten ›Herzensbrecher‹. Taktik A hat zur Folge, daß Maria in 11 von 24 Fällen den besten Anwärter auswählt, während sich aus Taktik B ergibt, daß sie in 10 der 24 Fälle erfolgreich ist. Eine Liste all dieser sequentiellen Anordnungen folgt im Anschluß an diesen Absatz, wobei die Zahl 1 den Bewerber bezeichnet, den Maria am liebsten mag, die Zahl 2 ihre zweite Wahl und so weiter. So veranschaulicht zum Beispiel die Anordnung 3 2 1 4, daß sie als erstes demjenigen begegnete, der nach ihrer Rangfolge auf Platz 3 liegt, danach dem Bewerber auf Platz 2, als dritten dem Bewerber auf Platz 1 und schließlich demjenigen, der in ihrer Gunst den letzten Platz belegt. Die Anordnungen sind außerdem mit einem A oder mit einem B gekennzeichnet, um anzuzeigen, in welchen Fällen diese Strategien zu dem Ergebnis führen, daß Maria ihren Favoriten bekommt.

1234 – 1243 – 1324 – 1342 – 1423 – 1432 – 2134 (A) – 2143 (A) – 2314 (A, B) – 2341 (A, B) – 2413 (A, B) – 2431 (A, B) – 3124 (A) – 3142 (A) – 3214 (B) – 3241 (B) – 3412 (A, B) – 3421 – 4123 (A) – 4132 (A) – 4213 (B) – 4231 (B) – 4312 (B) – 4321.

Wenn Maria sehr attraktiv ist und mit fünfundzwanzig Freiern rechnen kann, bestünde ihre beste Strategie immer noch darin, die ersten neun von ihnen (37 Prozent von 25) wegzuschicken und danach den ersten ›Herzensbrecher‹ zu akzeptieren.

Für große n-Werte liegt die Wahrscheinlichkeit, daß Maria den Richtigen findet, wenn sie die 37-Prozent-Regel befolgt, ebenfalls bei etwa 37 Prozent. Dann jedoch kommt der schwierige Teil der Sache: Jetzt heißt es, mit ›dem Richtigen‹ zusammenzuleben.

Zufälle und das Gesetz

In Los Angeles im Jahre 1964 entriß eine blonde Frau mit Pferdeschwanz einer anderen Frau die Handtasche. Die Diebin entkam zu Fuß, wurde aber später dabei beobachtet, wie sie in ein gelbes Auto stieg, an dessen Steuer ein dunkelhäutiger Mann mit Oberlippen- und Backenbart saß. Die Polizei stieß bei ihren Nachforschungen schließlich auf eine blonde Frau mit Pferdeschwanz, die regelmäßig mit einem dunkelhäutigen Mann zusammentraf, der einen Oberlippen- und Backenbart trug und ein gelbes Auto besaß. Es gab keine stichhaltigen Beweise, mit denen man das Paar hätte überführen können, und auch keine Zeugen, die einen der beiden hätten identifizieren können. Nur die oben genannten Fakten standen fest.

Der Staatsanwalt führte aus, die Wahrscheinlichkeit, daß es überhaupt ein solches Paar gebe, sei so gering, daß es sich hier in der Tat um die Schuldigen handeln müsse. Er legte dann die Berechnungen für die folgenden Merkmale vor: gelbes Auto – $1/10$; Mann mit Oberlippenbart – $1/4$; Frau mit Pferdeschwanz – $1/10$; Frau mit blondem Haar – $1/3$; dunkelhäutiger Mann mit Backenbart – $1/10$; Paar mit unterschiedlicher Rassenzugehörigkeit im Auto – $1/1000$. Der Staatsanwalt führte weiter aus, die Merkmale seien voneinander unabhängig, wodurch die Wahrscheinlichkeit, daß ein zufällig ausgewähltes Paar sie alle besäße, $1/10 \times 1/10 \times 1/3 \times 1/10 \times 1/1000 = 1/12\,000\,000$ betrage. Dieser Wert aber sei verschwindend gering. Das Gericht sprach das verhaftete Paar schuldig.

Der Fall wurde vor dem Obersten Gericht des Staates Kalifornien zur Berufung vorgelegt, wo aufgrund einer anderen Ausführung zur Wahrscheinlichkeit das vorherige Urteil aufgehoben wurde. Der Verteidiger erklärte nämlich, daß $1/12\,000\,000$ nicht die Wahrscheinlichkeit sei, auf die es hier ankomme. In einer Stadt der Größe von

Los Angeles mit schätzungsweise 2 000 000 Paaren sei die Wahrscheinlichkeit nicht so gering, daß es mehr als ein Paar gebe, auf das die Liste der Merkmale zuträfe. Auf der Basis der binomialen Wahrscheinlichkeitsverteilung und der Angabe von 1/12 000 000 könne diese Wahrscheinlichkeit bei etwa .8 Prozent angenommen werden – sicherlich eine geringe Wahrscheinlichkeit, doch seien damit eben nicht alle Zweifel ausgeräumt. Das Oberste Gericht von Kalifornien stimmte der Verteidigung zu und hob den Schuldspruch auf.

Zu Recht, wie ich meine: Ein seltenes Phänomen für sich genommen sollte niemals als Beweismittel verwendet werden. Wenn man ein Bridgeblatt mit dreizehn Karten ausgeteilt bekommt, liegt die Wahrscheinlichkeit, daß man ausgerechnet ein ganz bestimmtes Blatt erhält, bei weniger als 1 zu 600 Milliarden. Dennoch wäre die folgende Reaktion völlig absurd: Jemand bekommt ein Blatt ausgeteilt, prüft es sorgsam und findet heraus, daß die Wahrscheinlichkeit, gerade dieses Blatt zu bekommen, weniger als 1 zu 600 Milliarden betrage – worauf er zu dem Schluß gelangt, er hätte dieses Blatt gar nicht bekommen dürfen, weil es viel zu unwahrscheinlich sei.

Unter gewissen Umständen muß man mit unwahrscheinlichen Ereignissen rechnen. Im Fall des Pärchens aus Kalifornien hat die Unwahrscheinlichkeit ein anderes Gewicht, aber die Argumentation des Verteidigers war trotzdem die richtige.

Eine weitere ›Unwahrscheinlichkeit‹ – diesmal aus dem Bereich des Sports. Nehmen wir zwei Baseballspieler, sagen wir Babe Ruth und Lou Gehrig. Während der ersten Hälfte der Saison erreicht Babe Ruth eine höhere Durchschnittsleistung als Lou Gehrig. Und auch während der zweiten Hälfte der Saison ist Babe Ruths Durchschnittsleistung höher. Betrachtet man jedoch die Saison als ganze, so hat Lou Gehrig eine höhere durchschnittliche Gesamtleistung als Babe Ruth.

Wie ist das möglich? Es kann sein, daß Babe Ruth in der ersten Hälfte der Saison eine Schlagleistung von 0,300 erreicht hat und Lou Gehrig nur 0,290, aber Ruth kam zweihundertmal zum Schlag und Gehrig nur einhundertmal. Während der zweiten Hälfte der Saison gelang Ruth eine Schlagleistung von 0,400 und Gehrig nur eine von 0,390, aber Ruth kam nur einhundertmal zum Schlag gegenüber Gehrig, der zweihundertmal schlagen konnte. Das Ergebnis wäre dann, daß Gehrig einen höheren Durchschnitt in der Gesamtleistung erreicht hat als Ruth: 0,357 gegen 0,333. Man kann also von Leistungsdurchschnitten keinen Durchschnitt bilden.

In Kalifornien gab es vor einigen Jahren einen hochinteressanten Fall von Diskriminierung, der formal die gleiche Struktur hatte wie unser Baseball-Beispiel. Mit Blick auf den Frauenanteil an einer großen Universität strengten mehrere Frauen einen Prozeß an, in dem sie sich gegen die angebliche Diskriminierung durch die Universitätsbehörden wandten. Als die Verwaltungsbeamten festzustellen versuchten, welche Fakultäten dafür in erster Linie verantwortlich sind, fanden sie heraus, daß in jedem einzelnen Fachbereich ein höherer Prozentsatz von weiblichen als von männlichen Bewerbern zugelassen wurde. Frauen jedoch bewarben sich in unverhältnismäßig großer Anzahl für Fachbereiche wie Englisch oder Psychologie, die nur einen geringen Prozentsatz ihrer Bewerber annahmen, während sich unverhältnismäßig viele Männer für Fächer wie Mathematik und Ingenieurwesen bewarben, die einen wesentlich höheren Prozentsatz ihrer Bewerber zuließen. Hier zeigt sich eine Analogie zur Leistungsentwicklung bei Gehrig – er kam während der zweiten Hälfte der Saison zum Schlag, als es leichter war, einen Treffer zu landen.

Ein weiteres Beispiel: Ein Mann aus New York City hat eine Freundin in der Bronx und eine weitere Freundin in Brooklyn. Da er sich beiden gleichermaßen verbunden (beziehungsweise nicht verbunden) fühlt, ist es ihm einerlei, ob er die U-Bahn Richtung Norden in die Bronx erreicht oder die Bahn Richtung Süden nach Brooklyn. Da beide Linien tagsüber alle zwanzig Minuten fahren, beschließt er, die U-Bahn entscheiden zu lassen, wen er besucht. Er nimmt also jeweils die erste U-Bahn, die kommt. Nach einiger Zeit jedoch beklagt sich die Freundin in Brooklyn, die sehr in ihn verliebt ist, daß er nur etwa zu einem Viertel der Verabredungen mit ihr erscheint. Die Freundin aus der Bronx dagegen, die die Nase von ihm voll hat, beschwert sich, daß er drei Viertel seiner Verabredungen mit ihr einhält. Was ist das Problem dieses Mannes – abgesehen von seiner Unreife?

Die Antwort ist ganz einfach, also überlegen Sie erst einmal, bevor Sie weiterlesen.

Die zahlreichen Ausflüge des Mannes in die Bronx sind eine Folge der Fahrpläne der beiden Strecken. Obwohl beide Züge in Abständen von jeweils zwanzig Minuten kommen, könnte der Fahrplan etwa folgendermaßen aussehen: 7^{00} Uhr: Bahn in die Bronx; 7^{05} Uhr: Bahn nach Brooklyn; 7^{20} Uhr: Bahn in die Bronx; 7^{25} Uhr: Bahn nach Brooklyn; und so weiter. Der Abstand zwischen der letzten Bahn nach Brooklyn und der nächsten Bahn in die Bronx beträgt fünfzehn Minuten, ist also dreimal so lang wie der fünfminütige Abstand zwischen der letzten Bahn in die Bronx und der nächsten Bahn nach Brooklyn. Dies ist die Erklärung dafür, daß der Mann drei Viertel seiner Verabredungen in der Bronx verbringt und nur ein Viertel in Brooklyn.

Unzählige vergleichbare Absonderlichkeiten ergeben sich aus unseren herkömmlichen Methoden, periodische Merkmale zu messen, zu registrieren und zu vergleichen, gleichgültig, ob es sich dabei um die monatlichen Einnahmen einer Regierung oder um die regelmäßigen täglichen Schwankungen der Körpertemperatur handelt.

Nichtpräparierte Münzen oder: Die Gewinner und Verlierer im Leben

Stellen Sie sich vor, Sie werfen eine Münze mehrere Male hintereinander hoch und erhalten dabei eine Sequenz von Kopf- und Zahlwürfen, zum Beispiel folgende: KKZKZZKKZKZZZZKZZKKKZKZZKKZKKZZKZ KKZZKKZKZKKKKZKKKKZZ. Ist die Münze nicht präpariert, so stellt man fest, daß solche Sequenzen einige äußerst merkwürdige Eigenheiten aufweisen. Wenn man zum Beispiel überprüft, in welchem Verhältnis die Anzahl der Kopfwürfe zur Anzahl der Zahlwürfe stehen, so wird sich überraschenderweise zeigen, daß dieses Verhältnis nur selten 50 zu 50 ist.

Stellen Sie sich zwei Spieler vor, Peter und Paul, die einmal pro Tag eine Münze werfen. Peter setzt auf Kopf und Paul auf Zahl. Zu einem beliebig gewählten Zeitpunkt ist für Peter wie für Paul die Wahrscheinlichkeit gleich hoch, in Führung zu liegen, aber derjenige, der vorne ist, dürfte schon fast die ganze Zeit über geführt haben. Wenn eintausendmal geworfen wurde, dann sind, wenn Peter am Ende in Führung ist, die Chancen wesentlich höher, daß er in mehr als 90 Prozent der Zeit vorne gelegen hat, als daß er – sagen wir – in 45 Prozent oder 55 Prozent der Zeit geführt hat. Genauso verhält es sich, wenn Paul am Ende führt: Es ist wesentlich wahrscheinlicher, daß er bereits in mehr als 96 Prozent der Zeit vorne lag, als daß er nur zwischen 48 und 52 Prozent die Führung hatte.

Vielleicht liegt der Grund, warum dieses Ergebnis so sehr unserer Intuition widerspricht, in der Vorstellung vieler Leute, Abweichungen vom Mittelwert seien an ein Gummiband festgebunden: Je größer die Abweichung, desto größer wird auch der ›korrigierende Drang‹ zum Mittelwert. Dieser Irrglaube beruht auf der falschen Annahme, daß eine Münze, weil sie mehrere Male mit dem Kopf nach oben gefallen ist, danach mit größter Wahrscheinlichkeit Zahl zeigen wird (entsprechende Vorstellungen gibt es auch in bezug auf Rouletteräder und Würfel).

Die Münze hat jedoch keine Ahnung von Mittelwerten oder irgendwelchen Gummibändern, und wenn sie 519mal mit dem Kopf nach oben gelandet ist und 481mal mit der Zahl nach oben, dann kann die Differenz zwischen der Gesamtzahl der Kopfwürfe und der Gesamtzahl der Zahlwürfe ebensogut wachsen wie schrumpfen. Und dies trotz der Tatsache, daß der Anteil von Kopfwürfen sich mit steigender Wurfzahl wirklich 1/2 annähert! Der oben erwähnte Irrglaube ist nämlich zu unterscheiden von einem anderen Phänomen, nämlich von der Regression zum Mittelwert. Hier aber handelt es sich um eine Tatsache. Wenn man die Münze weitere tausendmal hochwirft, ist es wahrscheinlicher, daß die Anzahl der Kopfwürfe bei den zweiten tausend Würfen kleiner als 519 ausfallen wird.

Wenn es um Verhältnisse geht, verhalten sich die Münzen ausgezeichnet: Das Verhältnis von Kopf zu Zahl nähert sich mit steigender Wurfzahl zunehmend 1 an. Im Hinblick auf absolute Zahlen dagegen benehmen die Münzen sich schlecht: Die Differenz zwischen der Anzahl von Kopfwürfen und von Zahlwürfen wird mit steigender Wurfzahl eher größer, und ein Führungswechsel von Kopf zu Zahl oder umgekehrt wird immer seltener.

Wenn selbst nichtpräparierte Münzen sich in absoluter Hinsicht so schlecht benehmen, ist es nicht weiter erstaunlich, daß manche Leute als ›Verlierer‹ bekannt sind und andere als ›Gewinner‹, obwohl es außer dem Glück, das sie haben beziehungsweise nicht haben, keinen wirklichen Unterschied zwischen ihnen gibt. Unglücklicherweise nehmen die meisten Menschen eher die absoluten Unterschiede zwischen ihnen zur Kenntnis als das, was sie verbindet. Wenn Peter und Paul 519 beziehungsweise 481 Durchgänge gewonnen haben, wird man Peter wahrscheinlich einen Gewinner nennen und Paul einen Verlierer. Gewinner (und Verlierer) sind meiner Ansicht nach oft einfach Menschen, die auf der richtigen (beziehungsweise auf der falschen) Seite des Mittelwerts steckengeblieben sind. Beim Münzwurf kann es lange, lange Zeit dauern, bis die Führung im Spiel wechselt, manchmal sogar noch länger als im Alltagsleben.

Die überraschende Zahl von aufeinanderfolgenden, unterschiedlich langen Serien von Kopf- beziehungsweise Zahlwürfen gibt Anlaß zu weiteren Schlüssen, die anscheinend dem gesunden Menschenverstand zuwiderlaufen. Wenn Peter und Paul jeden Tag eine nichtpräparierte Münze werfen, um festzulegen, wer von den beiden das Essen bezahlt, dann ist es sehr wahrscheinlich, daß innerhalb von etwa neun Wochen irgendwann einmal Peter fünf Essen nacheinander gewonnen hat und Paul ebenso. Und zu irgendeinem Zeitpunkt innerhalb von fünf bis sechs Jahren hat wahrscheinlich jeder einmal zehn Essen hintereinander gewonnen.

Den meisten Menschen ist nicht klar, daß zufällige Ereignisse gewöhnlich in sehr geordneter Form erscheinen. Das folgende Beispiel ist ein Computerausdruck mit einer zufälligen Abfolge von X und O, von denen jedes mit einer Wahrscheinlichkeit von $1/2$ auftaucht.

O X X X O O O X X X O X X X O X X X X O O X
X O X X O X O O X O X O O O O X O X X O O O
X X X O X O X X X X X X X X O X X X O X O X
X X X O X O O X X X O O O X X X X X O O X X
O O O X X O O O O O X X O O X X X X X X O X
X X X O O X X X X O O X X O X X O O X X O X
O X O O X X X O X X O X X X X O X X O X X X
X X X X X X O X X X X X O O O O O X O O X X
X O O X X X X O O X O O X O X X X O X X X X

O O O O X O X O X X O X X X O O X X O O O O
X X X X X O O O O X X X X O X X O O X X X X
X X O X X O O O O O O O X O X X X X X O O O
X X O X X X O O O O X O X O X O O X X X X O
X O X X X O X X O O X X O X O O X O O X X X
O X X

Beachten Sie die Serien und die Art, in der Häufungen auftreten und sich Muster bilden. Wenn wir Gründe für diese Erscheinungen nennen wollten, müßten wir Erklärungen erfinden, die notwendigerweise falsch wären. Es gab tatsächlich Untersuchungen, in denen Experten auf bestimmten Fachgebieten solche Zufallsphänomene analysierten und zu zwingenden ›Erklärungen‹ der Muster kamen.

Daran sollte man sich erinnern, wenn wieder einmal Börsenanalytiker bestimmte Behauptungen aufstellen. Das tägliche Auf und Ab einer bestimmten Aktie oder der Börsenkurse im allgemeinen wird sicherlich nicht so vollständig vom Zufall gesteuert wie die eben gezeigte Abfolge von X und O, aber man kann mit Bestimmtheit sagen, daß auch bei diesen Vorgängen ein großes Quantum Zufall mitwirkt. Aus den säuberlich durchgeführten Analysen, die nach Börsenschluß zu lesen sind, geht dies freilich nicht hervor. Die Börsenkommentatoren haben immer geläufige Erklärungen parat, mit denen sie jede Erholung wie auch jede Verschlechterung des Marktes begründen können. Für eine Baisse sind gewöhnlich die Gewinnentnahmen oder das Haushaltsdefizit oder irgend etwas anderes verantwortlich, während eine Hausse grundsätzlich damit begründet wird, daß die Unternehmensgewinne steigen oder die Zinssätze oder sonst etwas. Fast nie räumt ein Kommentator ein, daß es sich bei den Bewegungen auf dem Markt an einem bestimmten Tag oder auch im Verlauf der Woche im großen und ganzen um rein zufällige Schwankungen handelte.

Die Häufungen, Serien und Muster, die von Zufallsreihen gebildet werden, sind bis zu einem gewissen Grad vorhersagbar. Bei Sequenzen von Kopfwürfen und Zahlwürfen (gehen wir einmal von zwanzig Durchgängen aus) gibt es im allgemeinen eine bestimmte Anzahl aufeinander folgender Serien von Kopfwürfen. Bei einer Sequenz mit zwanzig Münzwürfen, die zehn Kopfwürfe enthält, auf die zehnmal die Zahl folgt (K K K K K K K K K K Z Z Z Z Z Z Z Z Z Z), würde man von einer Serie von Kopfwürfen sprechen. Bei einer Sequenz von zwanzig Münzwürfen, in der Kopf und Zahl abwechselnd erscheinen (K Z K Z K Z K Z K Z K Z K Z K Z K Z K Z), würde man sagen, sie habe zehn Serien von Kopfwürfen. Bei beiden Sequenzen ist es unwahrscheinlich, daß sie zufällig entstehen. Eine Sequenz mit sechs Serien von Kopfwürfen (nehmen wir zum Beispiel K K Z K K Z K Z Z K K K Z Z K K Z Z K Z) ist mit größerer Wahrscheinlichkeit zufällig entstanden.

Mit Hilfe von Kriterien wie diesen kann man feststellen, wie wahrscheinlich es ist, daß Sequenzen von Kopf- und Zahlwürfen oder von X und O oder von Treffern und Nichttreffern tatsächlich durch Zufall entstanden sind. So haben die Psychologen Amos Tversky und Daniel Kahnemann die Abfolgen von Treffern und Nichttreffern bei professionellen Basketballspielern, deren Korbquote bei etwa 50 Prozent lag, analysiert und herausgefunden, daß diese völlig vom Zufall gesteuert zu sein scheint. Sie gelangten also zu der Auffassung, daß es beim Basketball so etwas wie eine ›Goldene Hand‹, also jemanden, der eine übermäßige Zahl von Korbwürfen erzielt, gar nicht gibt. Die Trefferserien, die wirklich vorkamen, waren höchstwahrscheinlich auf reines Glück zurückzuführen. Wenn ein Spieler zum Beispiel an einem Abend zwanzig Wurfversuche macht, beträgt die Wahrscheinlichkeit erstaunlicherweise fast 50 Prozent, daß er zu irgendeinem Zeitpunkt im Verlauf des Spiels mindestens viermal direkt in den Korb trifft. Es besteht eine Wahrscheinlichkeit von 20 bis 25 Prozent, daß er eine Serie von mindestens fünf direkten Körben zu irgendeinem beliebigen Zeitpunkt im Spielverlauf wirft, und eine etwa 10prozentige Chance, daß er eine Serie von mindestens sechs oder mehr Treffern hintereinander landet.

Auch wenn der Prozentsatz der Trefferquote nicht bei 50 Prozent liegt, kommt es zu entsprechenden Ergebnissen. Ein Spieler, der zum Beispiel mit 65 Prozent seiner Würfe einen Treffer landet, erzielt seine Punkte in vergleichbarer Weise wie eine präparierte Münze, die 65 Prozent ihrer ›Treffer‹ mit Kopfwürfen macht; das heißt, jeder Wurf ist vom vorhergehenden unabhängig.

Ich hatte schon immer den Verdacht, daß es sich bei dem Mythos von der ›Goldenen Hand‹ und ähnlichen blumigen Bildern um Übertreibungen handelt, die Sportjournalisten und Sportreporter nur deshalb verwenden, damit sie etwas zu sagen haben. Sicher liegt ein Körnchen Wahrheit in diesen Begriffen, aber zu oft werden sie von Leuten verwendet, die eine Bedeutung dort entdecken wollen, wo es nur Wahrscheinlichkeiten gibt.

Eine sehr lange Trefferserie ist ein wirklich erstaunliches Phänomen, das sich der Logik von Wahrscheinlichkeitsrechnungen scheinbar (aber eben nur scheinbar!) entzieht. Vor einigen Jahren stellte Pete Rose einen Nationalliga-Rekord auf, indem er in vierundzwanzig aufeinanderfolgenden Spielen einen Treffer erzielte. Wenn wir der Einfachheit halber annehmen, daß seine Trefferrate 0,300 betrug (in 30 Prozent der Schläge landete er einen Treffer, in 70 Prozent der Schläge verfehlte er) und daß er viermal pro Spiel zum Schlag kam, dann liegen seine Chancen, in irgendeinem bestimmten Spiel keinen Treffer zu landen, bei $(0{,}7)^4 = 0{,}24$. Dabei setzen wir voraus, daß die Würfe unabhängig voneinander sind. (Denken Sie daran, Unabhängigkeit bedeutet, daß seine Chance, einen Treffer zu erzielen, ebenso groß ist wie die Chance, daß eine Münze, die in 30 Prozent der Würfe mit dem Kopf nach oben landet, mit dem Kopf nach oben landet.) Also wäre die Wahrscheinlichkeit, daß er in einem beliebigen Spiel mindestens einen Treffer erzielt, 1 – 0,24 = 0,76. Demzufolge sind die Chancen, einen Treffer in einer beliebigen Serie von vierundvierzig Spielen zu erzielen, $(0,76)^{44}$ = 0,0000057, eine wahrhaft winzige Wahrscheinlichkeit.

Die Wahrscheinlichkeit, daß er in einer Serie von genau vierundvierzig aufeinanderfolgenden Spielen zu irgendeinem Zeitpunkt der 162 Spiele der Saison einen Treffer erzielt, ist höher – nämlich 0,000041 (man addiert einfach die Möglichkeiten, in einer beliebigen Abfolge von genau vierundvierzig Spielen einen Treffer zu erzielen, wobei man die zu vernachlässigende Möglichkeit außer acht läßt, daß er mehr als eine Serie hat).

Die Wahrscheinlichkeit, daß er in mindestens vierundvierzig Spielen Treffer erzielt, liegt noch etwa viermal höher. Wenn wir letztere Zahl mit der Anzahl der Spieler in der Oberliga multiplizieren (womit wir die Zahl aufgrund niedrigerer Leistungsdurchschnitte drastisch nach unten angleichen) und sie dann mit der ungefähren Zahl von Jahren multiplizieren, seit denen es Baseball gibt (womit wir eine Anpassung der unterschiedlichen Spielerzahlen der einzelnen Jahre vornehmen), dann stellen wir fest, daß es eigentlich für einen Spieler der Oberliga zu irgendeinem beliebigen Zeitpunkt gar nicht so unwahrscheinlich ist, in vierundvierzig aufeinanderfolgenden Spielen Treffer zu erzielen.

Seltene Ereignisse wie zum Beispiel Trefferserien, die hauptsächlich auf Glück zurückgeführt werden können, sind nicht im einzelnen vorhersagbar, doch das Muster ihres Auftretens läßt sich probabilistisch beschreiben.

Betrachten wir ein etwas alltäglicheres Ereignis: Eintausend Ehepaare, die sich jeweils drei Kinder wünschen, werden über einen Zeitraum von zehn Jahren beobachtet. Nehmen wir an, daß es 800 von ihnen wirklich gelingt, drei Kinder in die Welt zu setzen. Die Wahrscheinlichkeit, daß ein beliebiges Paar drei Mädchen bekommt, liegt bei $1/2 \times 1/2 \times 1/2 = 1/8$; demzufolge werden etwa einhundert dieser 800 Paare jeweils drei Mädchen haben. Analog dazu werden etwa einhundert Paare jeweils drei Jungen bekommen. Es gibt drei verschiedene Sequenzen für die Variante, daß eine Familie zwei Mädchen und einen Jungen bekommt: MMJ, MJM oder JMM (wobei die Stellung der Buchstaben die Reihenfolge der Geburt angibt). Jede der drei möglichen Reihenfolgen hat die gleiche Wahrscheinlichkeit von $1/8$ beziehungsweise $(1/2)^3$. Also beträgt die Wahrscheinlichkeit, zwei Mädchen und einen Jungen zu bekommen, $3/8$, und demzufolge wird dies bei etwa 300 der 800 Paaren eintreffen. Analog dazu werden etwa 300 Paare zwei Jungen und ein Mädchen bekommen.

Es gibt nichts Überraschendes an den obigen Ausführungen, doch die gleiche Art probabilistischer Beschreibung (bei der man mathematische Verfahren benutzt, die nur ein wenig komplizierter sind als die oben erwähnte Binomialverteilung) läßt sich auch bei sehr seltenen Ereignissen anwenden. Die Zahl der Unfälle pro Jahr an einer bestimmten Straßenkreuzung, die Zahl der Regenschauer pro Jahr, die in einer bestimmten Wüstengegend niedergehen, die Anzahl der Fälle von Leukämie in einer bestimmten Stadt, die jährliche Zahl von Todesfällen, die bei einer Kavallerieeinheit der preußischen Armee auf Huftritte von Pferden zurückzuführen waren – alle diese Ereignisse lassen sich mit Hilfe der sogenannten Poisson-Verteilung recht genau analysieren. Zuerst einmal ist es notwendig, in etwa zu wissen, wie selten das Ereignis auftritt. Diese Information kann man mit Hilfe der Poisson-Formel nutzen, um eine ziemlich genaue Vorstellung davon zu bekommen, in welchem Prozentsatz von Jahren es keine von Pferdehufen getöteten Kavalleristen zu beklagen gab, in welchem Prozentsatz von Jahren es einen solchen Todesfall gab, in welchem Prozentsatz zwei, in welchem Prozentsatz drei und so weiter. Ebenso könnte man den Prozentsatz der Jahre vorhersagen, in denen es in der betreffenden Wüste keine beziehungsweise einen, zwei oder drei Regenschauer geben wird.

Das heißt, selbst äußerst seltene Ereignisse sind vorhersagbar.

3. KAPITEL

Pseudowissenschaft

Als er gefragt wurde, warum er nicht an Astrologie glaube, antwortete der Logiker Raymond Smullyan, er sei vom Sternzeichen her ein Zwilling, und Zwillinge glaubten nicht an Astrologie.

Auswahl aus Überschriften des Werbeblattes eines Supermarktes: »Wundertätiger Lieferwagen heilt Kranke.« »Riesige Großfüßler greifen Dorf an.« »Siebenjährige gebiert Zwillinge in einem Spielwarenladen.« »Wissenschaftler steht kurz davor, Pflanzenmenschen zu erschaffen.« »Der sagenumwobene Swami steht seit 1969 auf einem Bein.«

Wenn man die Bestandteile der Pseudowissenschaften genau unter die Lupe nimmt, entdeckt man einen Rettungsring, einen Daumen zum Lutschen und einen Rockzipfel, an den man sich klammern kann. Was haben wir dagegen zu bieten: Ungewißheit! Unsicherheit!
Isaac Asimov in der Ausgabe zum zehnjährigen Jubiläum von *The Skeptical Inquirer*

Törichte Beispiele zu glauben und beide Augen zuzudrükken ist einfacher, als zu denken.

William Cowper

Mathematisches Analphabetentum, Freud und die Pseudowissenschaft

Mathematisches Analphabetentum und Pseudowissenschaft erscheinen oft als zwei Seiten einer Medaille. In der Tat ist es zumeist äußerst einfach, mit der wissenschaftlichen Autorität des Mathematikers die mathematischen Analphabeten zum stumpfen Einverständnis zu zwingen. Reine Mathematik befaßt sich zwar mit Gewißheiten, ihr Geltungsbereich geht aber nur so weit, wie die ihr zugrundeliegenden empirischen Annahmen, Normen und Schätzungen Gültigkeit besitzen.

Selbst solche fundamentalen mathematischen Wahrheiten wie ›Gleiches kann durch Gleiches ersetzt werden‹ oder ›1 und 1 ist 2‹ können fehlerhaft umgesetzt werden: Eine Tasse Wasser und eine Tasse Popcorn sind nicht gleich zwei Tassen durchweichtes Popcorn. Ebenso mag der frühere Präsident Reagan glauben, daß Kopenhagen in Norwegen liege; aber auch wenn Kopenhagen die Hauptstadt Dänemarks ist, kann daraus nicht geschlossen werden, daß Reagan meint, die Hauptstadt von Dänemark liege in Norwegen. In sogenannten zweckbestimmten Zusammenhängen wie den oben angeführten funktioniert die Ersetzung nicht immer.

Wenn bereits diese grundlegenden Prinzipien fehlinterpretiert werden können, muß es nicht überraschen, daß dies auch bei der komplizierteren Mathematik möglich ist. Wenn das Gedankenmodell und die Daten, die einer Berechnung zugrunde liegen, nicht stimmig sind, wird es das Ergebnis auch nicht sein. Jede Art von Unsinn kann in den Computer eingegeben werden, dadurch wird der

Unsinn aber nicht wahrer. Lineare statistische Planungen, um ein häufig mißbrauchtes Modell zu zitieren, werden oft so gedankenlos getroffen, daß man sich nicht wundern sollte, wenn eines Tages die geplante Wartezeit für einen Schwangerschaftsabbruch ein Jahr betragen sollte.

Diese Art achtlosen Denkens ist keineswegs auf die ungebildeten Kreise beschränkt. Einer der engsten Freunde von Freud, ein Chirurg namens Wilhelm Fließ, erfand die biorhythmische Analyse: ein Verfahren, das auf der Vorstellung beruht, das Leben jedes einzelnen unterliege festen periodischen Kreisläufen, die bei der Geburt beginnen. Fließ erläuterte Freud, 23 und 28, die Perioden gewisser metaphysischer Grundprinzipien bei Mann und Frau, hätten die besondere Eigenschaft, daß man mit ihnen jede beliebige Zahl bilden könne, wenn man ein entsprechendes Vielfaches von ihnen addiere oder subtrahiere. Ein wenig anders ausgedrückt: Jede nur denkbare Zahl kann geschrieben werden als $23x + 28y$, bei entsprechender Wahl von x und y. Zum Beispiel: $6 = (23 \times 10) + (28 \times -8)$. Freud war davon so beeindruckt, daß er jahrelang den Biorhythmus leidenschaftlich verfocht und glaubte, er werde mit einundfünfzig (der Summe aus 28 und 23) sterben. Wie sich aber herausstellt, haben nicht nur 23 und 28, sondern alle beliebigen zwei Zahlen, die relativ primär sind – das heißt, keine Zahl gemeinsam haben, durch die sie teilbar sind –, die Eigenschaft, daß sich mit ihnen jede Zahl ausdrücken läßt. So ist also selbst Freud ein Opfer des mathematischen Analphabetismus geworden.

Hinzu kommt noch ein wesentlich schwerwiegenderes Problem.

Betrachten wir einmal die Aussage: »Was auch immer Gottes Wille ist, es wird geschehen.« Manche Leute mögen darin religiösen Trost finden, klar ist aber, daß die Aussage nicht widerlegt werden kann und somit, wie der englische Philosoph Karl Popper dargelegt hat, für die Wissenschaft nicht relevant ist. »Wenn ein Flugzeug abstürzt, folgen immer kurz darauf zwei weitere Abstürze.« Auch diesen Satz hört man oft, und wenn man natürlich lange genug wartet, passiert alles dreifach.

Popper hat die Freudsche Theorie wegen ihrer Behauptungen und Vorhersagen kritisiert, die – auch wenn sie vielleicht in der einen oder anderen Art tröstlich oder suggestiv wirken – wie die oben zitierten Aussagen weitgehend unwiderlegbar sind. Zum Beispiel: Ein orthodoxer Psychoanalytiker sagt eine bestimmte Art neurotischen Verhaltens voraus. Wenn der Patient nicht in der vorhergesagten Weise reagiert, sondern gänzlich anders, kann der Analytiker dieses gegensätzliche Verhalten auf eine ›Reaktionsentwicklung‹ zurückführen. Ähnlich ist es, wenn ein Marxist vorhersagt, daß die ›herrschende Klasse‹ ausbeuterisch handeln wird; wenn dann etwas völlig Entgegengesetztes geschieht, kann er dies als einen Versuch der herrschenden Klasse bewerten, mit der ›Arbeiterklasse‹ zusammenzuarbeiten. Es scheint immer Sonderklauseln zu geben, die für alles, was nicht ins Schema paßt, herhalten müssen.

Hier ist sicherlich nicht der Ort, um zu diskutieren, ob die Freudsche Theorie oder der Marxismus als Pseudowissenschaften anzusehen seien; fest steht aber, daß die Neigung, Tatsachenbehauptungen mit leeren logischen Formulierungen zu vermengen, zu schlampigem Denken führt. Beispielsweise handelt es sich bei den Aussagen: »UFOs befördern außerirdische Besucher« und »UFOs sind unidentifizierte Flugobjekte« um zwei gänzlich verschiedene Behauptungen. Nach einer meiner Vorlesungen meinte ein Zuhörer, ich würde dem Glauben an außerirdische Besucher anhängen, obwohl ich nichts anderes gesagt hatte, als daß zweifellos schon oft UFOs gesichtet worden seien.

Ein ähnliches Mißverständnis wird von Molière verspottet, wenn er seinen wichtigtuerischen Arzt verkünden läßt, daß dessen Schlaftrunk wegen seiner einschläfernden Wirkung funktioniere. Da mit Hilfe von Mathematik am allerleichtesten eindrucksvoll klingende Behauptungen aufgestellt werden können, die bar jeder realen Grundlage sind (»Wissenschaftler entdecken, daß 90 Zentimeter 30 Zentimetern auf dem Planeten Pluto entsprechen«), verwundert es nicht, daß mathematische Formeln zum Arsenal einer ganzen Reihe von Pseudowissenschaften gehören. Schwerverständliche Berechnungen, geometrische Formeln und algebraische Begriffe, ungewöhnliche Korrelationen – all das wird benutzt, um dem dümmsten Geschwätz pseudowissenschaftliche Weihen zu geben.

Parapsychologie

Seit langem besteht ein Interesse an Parapsychologie. Tatsache ist jedoch, daß es – trotz Uri Geller und anderer Scharlatane – keine wiederholbaren Untersuchungen gibt, die ihre Existenz bewiesen hätten. Insbesondere die ASW (außersinnliche Wahrnehmung) wurde noch in keinem kontrolliert durchgeführten Experiment nachgewiesen, und die wenigen ›erfolgreichen‹ Demonstrationen wurden in Studien dargelegt, die sich als grundlegend fehlerhaft erwiesen. Ich will diese Studien hier nicht wiederkäuen, sondern lieber einige Beobachtungen allgemeiner Natur dazu beisteuern.

Die erste Beobachtung, die so offenkundig ist, daß es schon fast peinlich wirkt, lautet: ASW steht in Widerspruch zu dem fundamentalen, alltäglich wahrgenommenen Prinzip, daß auf irgendeine Weise die normalen Sinne beteiligt sein müssen, wenn überhaupt eine Kommunikation stattfinden soll. Wenn von irgendwoher geheime Informationen durchsickern, vermuten die

Leute dahinter einen Spion, nicht aber etwas Übersinnliches. Deshalb gehen sowohl der gesunde Menschenverstand als auch die Wissenschaft von der Annahme aus, daß diese ASW-Phänomene nicht existieren. Die Beweislast liegt also bei jenen, die behaupten, es gebe solche Phänomene.

Dies führt zu Überlegungen hinsichtlich der Wahrscheinlichkeit. ASW wird als Kommunikation ohne jegliche Zuhilfenahme des normalen Wahrnehmungsapparates definiert. Deshalb gibt es keine Möglichkeit, ein einmaliges Auftreten von ASW vom reinen Zufall zu unterscheiden. Ebenso läßt sich bei einem Test, der nur ja oder nein als Antworten zuläßt, nicht sagen, ob eine richtige Antwort nun auf überdurchschnittliche Intelligenz oder Glück beim Raten zurückzuführen ist. Da wir weder von den ASW-Medien noch von den Testpersonen der Ja/Nein-Tests verlangen können, daß sie ihre Antworten begründen, und da es per Definition keinen Wahrnehmungsmechanismus gibt, dessen Wirkungsweise sich erforschen ließe, könnte die Existenz der ASW nur durch statistische Überprüfung nachgewiesen werden: Man führt entsprechend viele Versuche durch und kontrolliert, ob die Anzahl der richtigen Antworten hinreichend groß ist, um die Möglichkeit auszuschließen, daß es sich nur um Zufall handelt. Wenn der Zufall ausgeschlossen wäre und es keine sonstigen Erklärungen gäbe, wäre die ASW nachgewiesen.

Leider sind erschreckend viele Menschen bereit, fehlerhafte Experimente und offensichtliche Taschenspielertricks für bare Münze zu nehmen. Ein weiterer Punkt ist der nach einem selbsternannten Medium benannte ›Jeane-Dixon-Effekt‹: Die wenigen korrekten Vorhersagen werden mit großem Pomp herausgestellt und bleiben daher im Gedächtnis haften, während die weitaus zahlreicheren falschen Vorhersagen geflissentlich vergessen oder heruntergespielt werden. Die Werbeblätter der

Supermärkte vermeiden es tunlichst, am Jahresende eine Liste der falschen Prophezeiungen ihrer Parapsychologen abzudrucken; ebensowenig tun dies die qualitativ etwas höherstehenden New-Age-Periodika, die trotz ihres aufklärerischen Anspruchs nicht weniger albern sind.

Oft halten die Leute die Fülle und auffällige Plazierung von Berichten über übersinnliche und parapsychologische Erscheinungen bereits für einen Beweis ihrer Stichhaltigkeit. Wo so viel Rauch aufsteigt (in Wirklichkeit nur heiße Luft), müsse es auch ein Feuer geben, meinen die Leute. Die im 19. Jahrhundert grassierende Vernarrtheit in die Schädellehre – um ein etwas anders gelagertes Beispiel für Kopflosigkeit zu zitieren – zeigt, wie unsinnig dieser Denkansatz ist. Damals wie heute war der Glaube an Pseudowissenschaften nicht auf die ungebildeten Schichten beschränkt; allerorten herrschte die Überzeugung, durch die Untersuchung der Schädelhökker und Umrißlinien des Kopfes ließen sich verschiedene psychische und geistige Merkmale eines Menschen erkennen. Viele Unternehmen verlangten von ihren zukünftigen Mitarbeitern, daß sie sich einer phrenologischen Untersuchung unterzogen; und viele Paare, die sich mit dem Gedanken einer Eheschließung trugen, suchten bei einem Schädelkundler um Rat nach. Ganze Zeitschriften widmeten sich nur diesem Thema, und in der populären Literatur fanden sich überall Verweise auf diese Irrlehre. Der angesehene Pädagoge Horace Mann bezeichnete die Schädellehre sogar als ›Führerin zur Philosophie und Dienerin des Christentums‹.

Wenden wir uns nun einem etwas heißeren Thema zu: nämlich der Fakirübung, bei der ein Mann barfuß über glühende Holzkohle läuft. Diese Übung wird häufig als Beispiel für den ›Sieg des Geistes über die Materie‹ genannt, und man muß kein mathematischer Analphabet sein, um von einem solchen Kunststück (oder von solchen Füßen) zunächst einmal begeistert zu sein. Dieses Phänomen erscheint jedoch weniger bemerkenswert, wenn man weiß, daß dehydriertes, d. h. völlig trockenes Holz eine äußerst geringe Wärmeentwicklung und eine sehr niedrige Wärmeleitfähigkeit aufweist. Genauso, wie man seine Hand gefahrlos in einen heißen Backofen stekken kann, solange man nicht die metallenen Teile des Ofens berührt, kann ein Mensch rasch über brennende Holzkohle laufen, ohne daß seine Füße Schaden erleiden. Aber natürlich ist pseudoreligiöses Gerede über die Kraft des Geistes wesentlich reizvoller als eine Diskussion über Wärmeentwicklung und -leitfähigkeit.

Prophetische Träume

Eine andere Art von angeblicher übersinnlicher Wahrnehmung ist der prophetische Traum. In jeder Familie gibt es eine Tante Matilda, die im Traum deutlich einen fürchterlichen Autounfall gesehen hatte, und das in der Nacht, bevor Onkel Otto mit seinem Ford einen Hydranten umfuhr. Ich bin meine eigene Tante Matilda: Als Kind träumte ich einmal, in einem Baseballspiel den Siegestreffer zu landen, und zwei Tage später gelangen mir im Spiel drei entscheidende Punkte. (Selbst wer fest an präkognitive Erfahrung glaubt, erwartet nicht genaue Übereinstimmung.) Das folgende Beispiel wird jedoch zeigen, daß sich solche Erlebnisse mit Hilfe der Zufallsberechnung rational begründen lassen.

Angenommen, es bestehe eine Wahrscheinlichkeit von eins zu 10 000, daß ein bestimmter Traum in einigen Einzelheiten einem Vorgang im wirklichen Leben entspricht. Dies ist ein ziemlich unwahrscheinliches Vorkommnis, und es bedeutet, daß die Chancen für einen nichtprophetischen Traum 9999 zu 10 000 stehen. Ferner soll angenommen werden, daß zwei beliebige Träume –

mögen sie nun auf ein bestimmtes reales Ereignis verweisen oder auch nicht – voneinander unabhängig seien. Aufgrund der Multiplikationsregel für Wahrscheinlichkeitsrechnung ist die Wahrscheinlichkeit, zwei aufeinanderfolgende nichtprophetische Träume zu haben, das Produkt aus $9999/10\,000 \times 9999/10\,000$. Entsprechend ist die Wahrscheinlichkeit, in *n* aufeinanderfolgenden Nächten einen nichtprophetischen Traum zu haben, $(9999/10\,000)^n$. Auf ein Jahr berechnet liegt die Wahrscheinlichkeit für nichtprophetische Träume bei $(9999/10\,000)^{365}$.

Da $(9999/10\,000)^{365}$ ungefähr 0,964 ergibt, können wir schließen, daß etwa 96,4 Prozent der Menschen, die jede Nacht träumen, im Zeitraum von einem Jahr nur nichtprophetische Träume haben. Das bedeutet aber auch, daß 3,6 Prozent der Menschen, die jede Nacht träumen, einen prophetischen Traum haben. 3,6 ist keineswegs ein geringer Prozentsatz; man muß vielmehr davon ausgehen, daß jedes Jahr Millionen von prophetischen Träumen geträumt werden. Selbst wenn wir die Wahrscheinlichkeit für einen prophetischen Traum bei eins zu einer Million ansetzen, ergibt sich allein für ein Land von der Größe der Vereinigten Staaten immer noch eine riesige Zahl von solchen zufälligen Träumen. Es besteht kein Anlaß, dafür irgendwelche besonderen parapsychologischen Kräfte geltend zu machen; prophetische Träume gehören eben offensichtlich zum alltäglichen Leben.

Das gleiche könnte auch von einer Vielzahl anderer unwahrscheinlicher Ereignisse und Zufälle gesagt werden. Von Zeit zu Zeit sind beispielsweise Berichte über bestimmte unglaubliche Reihungen von Zufällen zu lesen, die zwei Menschen zusammentreffen ließen – ein Phänomen, dessen Wahrscheinlichkeit bei eins zu einer Billion (1 geteilt durch 10^{12}, oder 10^{-12}) liegt. Sollte uns das beeindrucken? Nicht unbedingt.

Nach der Multiplikationsregel gibt es $(2{,}5 \times 10^8 \times 2{,}5 \times 10^8)$ oder $6{,}25 \times 10^{16}$ verschiedene Paare von Menschen in den Vereinigten Staaten. Und da wir annehmen, daß die Wahrscheinlichkeit für ein zufälliges Zusammentreffen bei 10^{-12} liegt, können wir als durchschnittliche Zahl von solchen ›unglaublichen‹ Zusammentreffen $6{,}25 \times 10^{16} \times 10^{-12}$, oder etwa 60 000 errechnen. Von daher ist es nicht überraschend, daß gelegentlich eines dieser 60 000 seltsamen Zusammentreffen in den Medien hochgespielt wird.

Eine Häufung von Zufällen, die zu unwahrscheinlich ist, als daß sie auf diese Weise berechnet werden könnte, stellt der Fall des sprichwörtlichen Affen dar, der auf der Schreibmaschine herumhämmert und dabei zufällig Shakespeares *Hamlet* zustande bringt. Die Wahrscheinlichkeit, daß dies passiert, liegt bei $(1/35)^n$, wobei *n* die Anzahl der graphischen Zeichen in *Hamlet* (ungefähr 200 000) repräsentiert und 35 die Anzahl der Schreibmaschinentasten ist, einschließlich Buchstaben, Satz- und Leerzeichen. Die Zahl $(1/35)^n$ ist unendlich klein – praktisch gesehen gleich Null. Obwohl einige Leute meinen, diese äußerst geringe Wahrscheinlichkeit als Argument für die ›Schöpfungswissenschaft‹ anführen zu können, ist dadurch einzig und allein bewiesen, daß Affen selten großartige Dramen schreiben. Warum wird übrigens die Frage nie so gestellt: Wie hoch ist die Wahrscheinlichkeit, daß Shakespeare, wenn er planlos seine Muskeln hätte spielen lassen, sich unversehens beim affengleichen Herumturnen zwischen den Bäumen wiedergefunden hätte?

Ich und die Sterne

Astrologie ist eine besonders weit verbreitete Pseudowissenschaft. Die Regale der Buchhandlungen sind voll mit Büchern zu diesem Thema, und fast jede Zeitung veröffentlicht ein tägliches Horoskop. Eine 1986 durchgeführte Umfrage von Gallup besagt, daß 52 Prozent der amerikanischen Teenager an Horoskope glauben, aber daß auch in den anderen Altersgruppen eine besorgniserregend hohe Zahl von Menschen diesem Irrglauben anhängt. Ich sage ›besorgniserregend‹, weil es erschrekkend ist, sich vorzustellen, an was diese Leute sonst noch alles glauben mögen. Besonders erschreckend ist es dann, wenn solche Leute – wie Präsident Reagan – eine immense Macht besitzen.

Die Astrologie behauptet, daß bei der Geburt eines Menschen die Schwerkraftverhältnisse der Planeten in gewisser Weise Einfluß auf seine Persönlichkeit nehmen. Dies für bare Münze zu nehmen, ist nicht einfach, und zwar aus zwei Gründen: *(a)* Es gibt nicht den geringsten Hinweis, geschweige denn eine Erklärung, welcher physische oder neurophysiologische Mechanismus denn von der Anziehungskraft der Planeten (oder von etwas anderem) beeinflußt werden könnte. *(b)* Die Anziehungskraft der Hebamme übersteigt bei weitem diejenige eines Planeten. Es sei daran erinnert, daß die Anziehungskraft, die ein Objekt gegenüber einem Körper – sagen wir, dem eines neugeborenen Babys – ausübt, proportional zu der Masse des Objekts ist, aber umgekehrt proportional zu dem Quadrat der Entfernung zwischen dem Objekt und dem Körper – in diesem Fall dem des Babys. Bedeutet dies, daß schwergewichtige Hebammen Babys zur Welt bringen, die mit ganz bestimmten Charaktereigenschaften ausgestattet sind, und dürre Hebammen Babys mit ganz anderen charakterlichen Merkmalen?

Diese Schwächen der astrologischen Theorie werden von mathematischen Analphabeten kaum wahrgenommen, da sie sich normalerweise offensichtlich nicht mit physischen Mechanismen beschäftigen. Aber auch ohne eine verständliche theoretische Grundlage würde die Astrologie anerkannt werden, wenn es empirische Nachweise für die Richtigkeit ihrer Behauptungen gäbe. Aber leider gibt es keinen nachweisbaren Zusammenhang zwischen dem Geburtsdatum eines Menschen und seiner Persönlichkeitsstruktur.

Kürzlich wurden an der Universität von Kalifornien von Shawn Carlson Experimente durchgeführt, bei welchen Astrologen drei anonyme Persönlichkeitsprofile vorgelegt wurden, eines davon dasjenige der Testperson. Die Testperson legte mit Hilfe eines Fragebogens alle astrologisch relevanten Lebensdaten offen, und der Astrologe sollte nun das Persönlichkeitsprofil der Testperson herausfinden. Es waren insgesamt 116 Testpersonen, die dreißig europäischen und amerikanischen Astrologen der Spitzenklasse (gemäß ihrer Selbsteinschätzung) vorgestellt wurden. Das Resultat: Die Astrologen fanden das richtige Persönlichkeitsprofil in einem von drei Fällen – ein Ergebnis, das man ebensogut auf den Zufall zurückführen kann.

John McGervey, Physiker an der Case Western Reserve University, kontrollierte die Geburtsdaten von über 16 000 Wissenschaftlern, die im *American Men of Science* verzeichnet sind, und von mehr als 6000 Politikern aus dem *Who's Who in American Politics.* Er fand heraus, daß die Geburtsdaten völlig planlos und gleichförmig über das ganze Jahr hin verteilt waren. Bernard Silverman von der Michigan State University sammelte die Angaben von 3000 Ehepaaren in Michigan und fand keine Übereinstimmung zwischen ihren Lebensdaten und den Vorhersagen von Astrologen, daß die Lebensdaten der Partner vergleichbar seien.

Warum also glauben so viele Menschen an die Astrologie? Ein Grund ist offensichtlich, daß die Leute aus den im allgemeinen vage gehaltenen astrologischen Ankündigungen fast alles herauslesen können, was ihnen gefällt, wodurch sie in den Besitz einer Wahrheit zu kommen glauben, die in den Prophezeiungen selbst nicht enthalten ist. Die Leute neigen auch dazu, eingetretene ›Voraussagen‹ im Gedächtnis zu behalten, Zufälle überzubewerten und alles übrige zu ignorieren. Andere Gründe sind die lange Tradition des Horoskoplesens (allerdings haben der Ritualmord und das Ritualopfer eine genauso lange Tradition), die bequeme Handhabung und schließlich die schmeichelhafte Beteuerung, es bestehe eine Verbindung zwischen der sternengeschmückten Unendlichkeit des Himmels und der Möglichkeit, sich noch in diesem Monat zu verlieben.

Hinzu kommt, daß bei Einzelsitzungen der Astrologe aus dem Gesichtsausdruck, dem Auftreten und der Körpersprache seines Klienten Schlüsse auf bestimmte Persönlichkeitsmerkmale ziehen kann. Betrachten wir einmal das berühmte Beispiel vom ›Schlauen Hans‹, dem Pferd, das angeblich zählen konnte. Sein Trainer ließ einen Würfel rollen und fragte dann das Pferd, wie viele Augen der Würfel zeige. Daraufhin stampfte Hans mit dem Huf entsprechend viele Male, was die Zuschauer sehr amüsierte. Kaum bemerkt wurde jedoch, daß der Trainer so lange völlig regungslos stehenblieb, bis das Pferd die richtige Zahl angezeigt hatte, und sich dann leicht bewegte – für Hans das Signal, mit dem Stampfen aufzuhören. Die Antwort kam also nicht vom Pferd selbst; es reagierte nur darauf, daß der Trainer die Antwort wußte. Manche Leute spielen oft unwissentlich die Rolle dieses Trainers gegenüber den Astrologen, die, ähnlich wie Hans, nur auf die Bedürfnisse ihrer Klienten reagieren.

Das beste Gegengift zur Astrologie im besonderen und zur Pseudowissenschaft im allgemeinen ist, wie Carl Sagan schreibt, die wirkliche Wissenschaft, deren Wundertaten genauso verblüffend sind und den Vorzug haben, daß es sich zumeist nicht um Schwindel handelt. Im übrigen sind es nicht die exotischen Schlußfolgerungen, die etwas zu einer Pseudowissenschaft machen: Das Raten auf gut Glück, unerschütterliche Gelassenheit, bizarre Hypothesen und sogar eine gewisse Naivität spielen auch in der Wissenschaft eine Rolle. Der Fehler der Pseudowissenschaften liegt darin, daß sie ihre Ergebnisse keiner kontrollierten Gegenprobe unterziehen und sie nicht in logisch klarer Weise mit anderen Resultaten verknüpfen, die einer genauen Überprüfung standgehalten haben. Ich kann mir kaum vorstellen, daß Shirley MacLaine von dem Glauben an ein scheinbar paranormales Phänomen abrücken würde, bloß weil es keinen hinreichenden Beweis dafür gibt.

Außerirdisches Leben: ja – Besucher in UFOs: nein

Zur Astrologie ist noch anzumerken, daß mathematische Analphabeten eher als andere Menschen an Besucher aus dem All glauben. Ob es solche Besuche gab, ist eine Frage, die davon abhängt, ob es noch anderes bewußtes Leben gibt außer dem unseren. Ich werde nun einige annähernde Berechnungen durchführen, die belegen, daß es zwar wahrscheinlich in unserem Sonnensystem noch andere Formen von Leben gibt, daß uns diese Lebewesen aber wohl bisher noch keinen Höflichkeitsbesuch abgestattet haben (trotz gegenteiliger Behauptungen in Büchern wie Budd Hopkins *The Intruders** und Whitley Striebers *Communion).*

Da sich auf der Erde intelligentes Leben auf natürliche Weise entwickelte, ist nicht auszuschließen, daß der gleiche Prozeß auch anderswo stattgefunden hat. Voraussetzung dafür ist ein System physikalischer Elemente, die in der Lage sind, viele verschiedene Verbindungen untereinander einzugehen, und eine Energiequelle, die dieses System speist. Dies hat zur Folge, daß das System ganz unterschiedliche Kombinationsmöglichkeiten ›erprobt‹,

* Dt.: *Von UFOs entführt. Dokumente und Berichte über aufsehenerregende Fälle.* München (Heyne) 1982. (Anm. d. Übers.)

bis sich eine kleine Zahl stabiler, komplexer und energiespeichernder Moleküle entwickelt. Durch chemische Evolution kommt es dann zu noch komplexeren Verbindungen, darunter Aminosäuren, aus denen sich Proteine aufbauen. Wenn sich erst einmal primitives Leben entwickelt hat, ist es bis zur Entstehung von Einkaufszentren nicht mehr weit.

Nach Schätzungen gibt es in unserer Galaxie annähernd 100 Milliarden Sterne (10^{11}), wovon etwa ein Zehntel einen Planeten hat. Von diesen annähernd 10 Milliarden Sternen hat vielleicht einer von hundert einen Planeten, der innerhalb der Lebenszone des Sterns liegt: nicht so nahe also, daß seine flüssigen Bestandteile, sein Wasser, Methan oder was auch immer verdampfen, und nicht so weit entfernt, daß er gefriert. So erhalten wir eine Zahl von etwa 100 Millionen Sternen (10^8) in unserer Galaxie, die Leben hervorbringen könnten. Da die meisten davon wesentlich kleiner sind als unsere Sonne, kommen nur etwa zehn Prozent dieser Sterne als Kandidaten für die Aufgabe in Frage, auf einem Planeten Leben zu bewirken. Das bedeutet, daß allein in unserer Galaxie 10 Millionen Sterne (10^7) in der Lage sind, Leben hervorzubringen, und in einem Zehntel dieser Fälle mag dies bereits geschehen sein. Nehmen wir also an, es gibt in unserer Galaxie wirklich 10^6 – oder eine Million – Sterne mit Planeten, auf denen Leben herrscht. Und doch ist das alles noch nicht einmal die Spur eines Beleges dafür, daß uns kleine grüne Männchen ›besuchen‹.

Ein Grund hierfür ist die riesige Ausdehnung unserer Galaxie, die etwa 10^{14} Kubik-Lichtjahre umfaßt, wobei ein Lichtjahr die Entfernung angibt, die ein Lichtstrahl mit einer Geschwindigkeit von 300 000 Kilometer/ Sekunde in einem Jahr zurücklegt – ungefähr 9,46 Billionen Kilometer. Folglich hat jeder dieser Millionen Sterne durchschnittlich 10^{14} geteilt durch 10^6 Kubik-Lichtjahre Rauminhalt um sich herum zur Verfügung; das bedeutet für jeden Stern, der Leben hervorbringen könnte, 10^8 Kubik-Lichtjahre Rauminhalt. Die Kubikwurzel aus 10^8 ist annähernd 500, das heißt, daß die durchschnittliche Entfernung zwischen jedem einzelnen der Sterne unserer Galaxie, die Leben hervorbringen könnten, und seinem nächstgelegenen Nachbarn 500 Lichtjahre beträgt – etwa zehn Milliarden mal die Entfernung zwischen der Erde und dem Mond. Selbst eine Entfernung zwischen engen ›Nachbarn‹ – und sei sie auch beträchtlich kürzer als der Durchschnitt – macht es vermutlich unmöglich, ab und zu beim anderen auf ein Schwätzchen vorbeizukommen.

Der zweite Grund für die Unwahrscheinlichkeit eines interplanetarischen Tourismus liegt darin, daß denkbare hochentwickelte Formen von Leben nicht außerhalb des Zeitkontinuums existieren, ihr Entstehen und ihr Vergehen ist zeitlich bedingt. Tatsächlich könnte es sehr wohl der Fall sein, daß eine Lebensform, nachdem sie sich entwickelt hat, in sich selbst instabil wird und sich im Laufe einiger tausend Jahre selbst wieder zerstört. Selbst wenn solche fortgeschrittenen Lebensformen eine durchschnittliche Dauer von 100 Millionen Jahren hätten (die Zeitspanne zwischen dem Entstehen der ersten Säugetiere und einem möglichen nuklearen Holocaust im 20. Jahrhundert) und sie gleichmäßig in unserer mehr als 12–15 Milliarden Jahre alten Galaxie verteilt wären, würde das nur bedeuten, daß weniger als 10 000 Sterne unserer Galaxie gleichzeitig entwickelte Lebensformen hervorbringen könnten. Die durchschnittliche Entfernung zwischen den Nachbarn würde auf mehr als 2000 Lichtjahre anwachsen.

Ein dritter Grund, warum bisher noch kein außerirdischer Tourist bei uns aufgetaucht ist, liegt darin, daß ›die anderen‹ höchstwahrscheinlich gar kein Interesse haben, uns kennenzulernen. Die außerirdischen Formen des Lebens können als sich selbst steuernde magnetische Felder oder als riesige Wolken von Methangas auftreten, als große Ansammlungen kartoffelähnlicher Gebilde oder als gigantische planetengroße Wesen, die ihre Zeit damit verbringen, komplizierte Symphonien zu intonieren. Wahrscheinlicher aber ist es, daß sie als eine Art planetarischer Schaum an der sonnenzugewandten Seite von Felsen hängen. Es ist kaum anzunehmen, daß eine dieser Verkörperungen von Leben ein ähnliches Denken und Empfinden aufweist wie wir und mit uns Kontakt aufnehmen will.

Kurz gesagt, auch wenn es wahrscheinlich auf anderen Planeten unserer Galaxie Leben gibt, bedeutet das Auftauchen von UFOs mit größter Wahrscheinlichkeit nichts anderes, als daß – unidentifizierte Flugobjekte gesichtet wurden. Unidentifizierte, nicht unidentifizierbare oder außerirdische.

Betrügerische medizinische Therapien

Aus einem einfachen Grund eignet sich die Medizin besonders gut für pseudowissenschaftliche Scharlatanerie. Die meisten Krankheiten und körperlichen Unstimmigkeiten kommen *(a)* von selbst wieder in Ordnung, *(b)* grenzen sich selbst ein oder *(c)* folgen (selbst bei tödlichem Ausgang) selten einer stetig abwärts führenden Spirale. In allen Fällen kann jeder noch so nutzlose Eingriff den Anschein erwecken, ziemlich wirkungsvoll zu sein.

Dies wird klarer, wenn man sich in die Rolle eines gewieften medizinischen Scharlatans versetzt. Um die natürlichen, bei jeder Krankheit (und jedem Placebo-Effekt) auftretenden Phasen der Besserung und der Verschlechterung auszunutzen, ist es am sinnvollsten, die nutzlose Therapie zu einem Zeitpunkt zu beginnen, wenn es dem Patienten gerade schlechtergeht. Auf diese Weise läßt sich alles, was im folgenden passiert, auf einfache Weise der wundertätigen und wahrscheinlich kostspieligen Behandlung zuschreiben. Wenn es dem Patienten bessergeht, ist es das Verdienst des Scharlatans; bleibt sein Zustand stabil, hat ihn die Behandlung vor zunehmender Verschlechterung bewahrt. Sollte es dem Patienten aber dennoch schlechtergehen, war die Dosierung oder die Intensität der Behandlung nicht hoch genug; stirbt der Patient, so hat er eben zu lange gewartet, bis er den Scharlatan rief.

Jedenfalls werden die wenigen Beispiele, in denen die Behandlung erfolgreich war, vermutlich gut im Gedächtnis haften bleiben, wohingegen die überwältigende Mehrzahl der Mißerfolge in Vergessenheit gerät. Die Wahrscheinlichkeit, daß fast jede Art von Behandlung ein gewisses Maß an Erfolg zeitigt, ist ziemlich hoch; es wäre also ein Wunder, wenn es keine ›Wunderheilungen‹ gäbe.

Das gleiche gilt für die Praktiken der Gesundbeter, Seelenchirurgen, homöopathischen Quacksalber, Fernsehprediger und anderer Gewerbetreibender dieser Art. Die hohe Anerkennung, die solche ›Wundertäter‹ vielerorts genießen, sollte dazu anspornen, daß man den Kindern in unseren Schulen einen gesunden Skeptizismus beibringt, eine geistige Haltung, die sich im allgemeinen nicht mit mathematischem Analphabetentum verträgt. Wenn ich gegenüber diesen Scharlatanen eine kritische Einstellung empfehle, heißt das aber nicht, daß ich für eine dogmatische Wissenschaftlichkeit eintrete. Es ist ein langer Weg von ›Ich glaube‹ über ›Ich weiß nicht‹ zu ›Ich bestreite dies‹ und genügend Platz in der Mitte, wo vernünftige Leute es sich bequem machen können.

Selbst bei den merkwürdigsten Fällen ist es oft schwierig, eine angebliche Heilung oder wirkungsvolle Behandlung schlüssig zu widerlegen. Nehmen wir einmal an, ein Quacksalber verschreibt seinen Patienten zum Frühstück, Mittag- und Abendessen jeweils zwei

Pizzas, vier Glas Bier und zwei Stück Käsekuchen und als Betthupferl eine ganze Schachtel Feigen sowie einen Liter Milch – wobei er behauptet, andere Leute hätten bei dieser Diät sechs Pfund pro Woche abgenommen. Wenn seine Patienten drei Wochen lang seinen Empfehlungen folgen, werden sie feststellen, daß sie ungefähr sieben Pfund zugelegt haben. Ist daher die Behauptung des Quacksalbers Lügen gestraft? Nicht unbedingt. Im Zweifelsfall kann der Scharlatan immer darauf verweisen, daß eine ganze Reihe von begleitenden Maßnahmen nicht beachtet wurde: Auf den Pizzas war zuviel Soße, die Patienten haben täglich sechzehn Stunden geschlafen, oder das Bier war von der falschen Brauerei. Der entscheidende Punkt ist, daß es in der Regel immer irgendwelche faulen Erklärungen gibt, um jede noch so versponnene Theorie zu verteidigen.

Der Philosoph Willard Van Orman Quine behauptet sogar, daß Erfahrungswerte niemanden zwangsläufig von dem Glauben, dem er anhängt, abbringen. Quine sieht die Wissenschaft als Bestandteil eines vielfältig verknüpften Netzwerkes von miteinander korrespondierenden Hypothesen, Methoden und Denkstrukturen, und behauptet, daß jede Einwirkung von außerhalb auf dieses Netz in sehr unterschiedlicher Weise verarbeitet werden kann. Wenn wir bereit sind, den Teil des Netzes, wo unser Glauben angesiedelt ist, entsprechend drastisch zu ändern, sagt Quine, so können wir auch weiterhin daran glauben, wie wirksam die oben beschriebene ›Diät‹ sei oder daß die Pseudowissenschaften durchaus gültige Ergebnisse hervorbringen.

Weniger umstritten ist die Behauptung, es gebe keine klaren, eindeutigen und einfachen Algorithmen, die uns erlauben würden, immer und überall Wissenschaft von Pseudowissenschaft zu unterscheiden. Die Grenze zwischen beiden ist zu verschwommen. Das Thema unserer gemeinsamen Beschäftigung, Zahl und Wahrscheinlichkeit, stellt jedoch die Grundlage für statistische Berechnungen dar, die, zusammen mit der Logik, die wissenschaftliche Methode begründen, mit deren Hilfe schließlich das Richtige vom Falschen getrennt werden kann (sofern dies überhaupt möglich ist). Ebensowenig aber, wie das Vorhandensein der Farbe Rosa die Unterscheidung zwischen Rot und Weiß überflüssig macht, entkräftet die Existenz dieser problematischen Zwischenzone die fundamentalen Unterschiede zwischen der Wissenschaft und dem, was dafür gehalten werden will.

Bedingte Wahrscheinlichkeit, Blackjack und Drogentests

Man braucht kein Anhänger einer der gängigen Pseudowissenschaften zu sein, um fehlerhafte Behauptungen aufzustellen und ungültige Schlüsse zu ziehen. Viele dieser geläufigen Fehler lassen sich darauf zurückführen, daß der Begriff der bedingten Wahrscheinlichkeit nicht richtig verstanden wurde. Wenn die Ereignisse A und B nicht voneinander unabhängig eintreten, ist die Wahrscheinlichkeit, daß A eintritt, nicht zu verwechseln mit der Wahrscheinlichkeit, daß A eintritt, nachdem B eingetreten ist. Was bedeutet das?

Um ein einfaches Beispiel zu nehmen: Die Wahrscheinlichkeit, per Zufall aus dem Telefonbuch eine Person herauszufinden, die über 250 Pfund wiegt, ist äußerst gering. Wenn man jedoch weiß, daß die ausgewählte Person über einen Meter neunzig groß ist, ist die bedingte Wahrscheinlichkeit, daß er oder sie über 250 Pfund wiegt, schon beträchtlich höher. Die Wahrscheinlichkeit, mit zwei Würfeln bei einem Wurf 12 Augen zu erzielen, beträgt $1/36$. Die bedingte Wahrscheinlichkeit, daß man 12 Augen erzielt hat, wenn man weiß, daß man mindestens 11 Augen gewürfelt hat, beträgt $1/3$. (Die Ergebnisse können nur 6 und 6, 6 und 5 oder 5 und 6 sein; daher steht die Chance 1:3, daß die Summe 12 beträgt – unter der Voraussetzung, daß sie mindestens 11 ist.)

Häufig wird auch die Wahrscheinlichkeit von A bei gegebenem B mit der Wahrscheinlichkeit von B bei gegebenem A verwechselt. Ein einfaches Beispiel: Die bedingte Wahrscheinlichkeit, beim Blackjack einen König zu bekommen, wenn man weiß, daß man eine Bildkarte – einen König, eine Dame oder einen Buben – bekommen wird, beträgt $1/3$. Die bedingte Wahrscheinlichkeit jedoch, daß die erhaltene Karte eine Bildkarte ist, wenn man weiß, daß man einen König bekommen wird, beträgt 1 oder 100 Prozent. Die bedingte Wahrscheinlichkeit, daß jemand US-amerikanischer Staatsbürger ist, wenn seine oder ihre Muttersprache Englisch ist, liegt, sagen wir, bei $1/5$. Andersherum: Die bedingte Wahrscheinlichkeit, daß jemand als Muttersprache Englisch hat, wenn er oder sie US-amerikanischer Staatsbürger ist, liegt wahrscheinlich bei $19/20$ oder 0,95.

Betrachten wir nun eine per Zufall ausgewählte vierköpfige Familie mit mindestens einer Tochter. Nehmen wir an, ihr Name sei Myrtle. Angenommen, Myrtle hat ein Geschwister, wie hoch ist dann die bedingte Wahrscheinlichkeit, daß ihr Geschwister ein Bruder ist? Angenommen, Myrtle hat ein jüngeres Geschwister, wie hoch ist dann die bedingte Wahrscheinlichkeit, daß dieses Geschwister ein Bruder ist? Bei der ersten Frage lautet die Antwort $2/3$, bei der zweiten $1/2$.

Allgemein gibt es vier gleich wahrscheinliche Möglichkeiten bei einer Familie mit zwei Kindern: JJ, JM, MJ, MM (die Reihenfolge der Buchstaben J (Junge) und M (Mädchen) gibt die Reihenfolge der Geburt an). Bei der ersten Frage scheidet die Möglichkeit JJ aufgrund der Vorannahme aus, und bei zwei der verbleibenden drei gleich wahrscheinlichen Möglichkeiten gibt es einen Jungen, Myrtles Bruder. Bei der zweiten Frage entfallen die

Möglichkeiten JJ und JM, weil Myrtle, ein Mädchen, ja das ältere der Geschwister ist, und bei einer der verbleibenden zwei gleich wahrscheinlichen Möglichkeiten gibt es einen Jungen, Myrtles Bruder. Bei der zweiten Frage wissen wir mehr, was auf die unterschiedlichen bedingten Wahrscheinlichkeiten zurückzuführen ist.

Als nächstes möchte ich einen betrügerischen Kartentrick aufdecken, der nur deshalb funktioniert, weil die bedingten Wahrscheinlichkeiten verwechselt werden. Stellen Sie sich einen Mann vor, der drei Karten hat. Eine davon ist auf beiden Seiten schwarz, eine auf beiden Seiten rot, und die dritte ist auf der einen Seite schwarz und auf der anderen rot. Er wirft nun die Karten in einen Hut und bittet Sie, eine zu ziehen, aber nur eine Seite dieser Karte anzuschauen; nehmen wir an, diese Seite sei rot. Der Mann weiß nun, daß die Karte, die Sie gezogen haben, unmöglich die Karte sein kann, die auf beiden Seiten schwarz ist, es muß also eine der beiden anderen Karten sein – die rot-rote Karte oder die rot-schwarze. Er wettet nun mit Ihnen um Geld, daß es die rot-rote Karte ist. Ist das eine faire Wette?

Auf den ersten Blick schon. Es bleiben zwei Karten, eine davon muß es ja sein; er setzt auf die eine, Sie setzen auf die andere. Der Clou ist nur, daß er zwei Möglichkeiten hat, zu gewinnen, Sie aber nur eine. Die sichtbare Seite der Karte, die Sie gezogen haben, könnte die rote Seite der rot-schwarzen Karte sein; in diesem Fall gewinnen Sie. Oder es könnte eine Seite der rot-roten Karte sein; in diesem Fall gewinnt er. Oder es könnte die andere Seite der rot-roten Karte sein; in diesem Fall gewinnt er ebenfalls. Seine Gewinnchancen betragen also $^2/_3$. Die bedingte Wahrscheinlichkeit, daß die Karte rot-rot ist, wenn sie nicht schwarz-schwarz ist, beträgt $^1/_2$, aber dies ist hier nicht die Ausgangslage. Wir wissen nicht nur, daß die Karte nicht schwarz-schwarz ist; wir wissen auch, daß sie eine rote Seite hat.

Bedingte Wahrscheinlichkeit ist auch der Grund dafür, warum Blackjack das einzige Glücksspiel ist, bei dem es sinnvoll ist, sich den vorausgegangenen Spielverlauf zu merken. Bei Roulette hat der vorangegangene Fall der Kugel keinen Einfluß auf die Drehbewegung des Rades bei der nächsten Runde. Die Wahrscheinlichkeit, daß beim nächsten Mal Rot erscheint, beträgt $^{18}/_{36}$, genauso hoch ist die bedingte Wahrscheinlichkeit, daß beim nächsten Mal Rot erscheint, auch wenn die Kugel bereits die letzten fünf Male hintereinander auf Rot gefallen ist. Ebenso ist es beim Würfeln: Die Wahrscheinlichkeit, mit zwei Würfeln eine 7 zu werfen, beträgt $^{1}/_{6}$; ebenso hoch ist die bedingte Wahrscheinlichkeit, eine 7 zu würfeln, auch wenn die letzten drei Male hintereinander eine 7 gefallen ist. Jeder Versuch ist unabhängig vom vorherigen.

Bei Blackjack hingegen ist der bisherige Verlauf des Spiels durchaus von Bedeutung. Die Wahrscheinlichkeit, daß man aus einem Stoß von 52 Karten nacheinander zwei Asse zieht, ist nicht ($^{4}/_{52} \times {}^{4}/_{52}$), sondern eher ($^{4}/_{52} \times {}^{3}/_{51}$) – wobei der Faktor $^{3}/_{51}$ die bedingte Wahrscheinlichkeit bezeichnet, ein weiteres As zu ziehen, wenn die vorherige Karte bereits ein As war. Ebenso beträgt die bedingte Wahrscheinlichkeit, daß eine aus dem Stoß gezogene Karte eine Bildkarte ist, wenn nur zwei von bisher dreißig gezogenen Karten Bildkarten waren, nicht $^{12}/_{52}$, sondern sie liegt viel höher, nämlich bei $^{10}/_{22}$. Diese Tatsache – daß (bedingte) Wahrscheinlichkeiten sich entsprechend der verbleibenden Zusammensetzung des Kartenstoßes verändern – ist die Grundlage verschiedener Kalkulationssysteme bei Blackjack, bei denen man genau verfolgen muß, wie viele Karten welcher Farbe und welchen Wertes bereits gefallen sind. Dann kann man im richtigen Augenblick seinen Einsatz erhöhen.

Mit Hilfe dieser Kalkulationssysteme und eines eigens dafür angefertigten Rings, der mir das Zählen erleichterte, habe ich in Atlantic City einiges Geld gewonnen. Doch sofern man nicht um riesige Beträge spielt, ist die Gewinnrate zu niedrig, als daß sie die eingesetzte Zeit und die intensive Konzentrationsleistung wert wäre.

Eine interessante Variante des Begriffs der bedingten Wahrscheinlichkeit ist bekannt als das Bayessche Theorem, das erstmalig im 18. Jahrhundert von Thomas Bayes aufgestellt wurde. Aus diesem Theorem ist das nun folgende Beispiel mit seinem ziemlich verblüffenden Ergebnis abgeleitet, das zu wichtigen Folgerungen für die Handhabung von Drogen- oder AIDS-Tests führt.

Angenommen, es gibt einen Krebs-Test, der zu 98 Prozent richtige Ergebnisse liefert. Das heißt, wenn die untersuchten Personen tatsächlich Krebs haben, zeigt der Test in 98 Prozent der Fälle ein positives Ergebnis, wenn dies nicht der Fall ist, zeigt der Test in 98 Prozent der Fälle ein negatives Ergebnis. Weiterhin sei angenommen, daß 0,5 Prozent der Menschen – einer von zweihundert – an Krebs erkrankt sind. Nun stellen Sie sich vor, Sie haben sich diesem Test unterzogen und Ihr Arzt informiert Sie mit bedrückter Miene, daß das Ergebnis positiv ausgefallen sei. Die Frage lautet nun: Wie sehr sollte Sie das deprimieren? Die überraschende Antwort ist, daß Sie vorsichtig optimistisch sein dürfen.

Prüfen wir die bedingte Wahrscheinlichkeit, daß Sie Krebs haben, wenn der Test positiv ausfällt. Stellen Sie sich vor, es werden 10 000 Krebs-Tests durchgeführt. Wie viele davon fallen positiv aus? Durchschnittlich haben 50 von 10 000 untersuchten Leuten (0,5 Prozent von 10 000) Krebs, und nachdem dies ja in 98 Prozent der Fälle nachgewiesen wird, erhalten wir 49 positive Testergebnisse. Bei 2 Prozent der übrigen 9950 Leute ohne Krebs wird das Testergebnis positiv ausfallen, was eine Summe von 199 positiven Tests ergibt (0,2 × 9950 = 199). Folglich zeigen von insgesamt 248 positiven Tests (199 + 49 = 248) die meisten (199) fälschlicherweise ein positives Ergebnis.

Demnach beträgt die bedingte Wahrscheinlichkeit, Krebs zu haben, wenn der Test positiv ausfällt, nur $^{49}/_{248}$ oder ungefähr 20 Prozent!

Dieses überraschende Ergebnis für einen Test, von dem wir annahmen, daß er zu 98 Prozent korrekte Angaben liefere, sollte den Gesetzgeber nachdenklich stimmen, wenn wieder einmal über die Einführung von obligatorischen und flächendeckenden Drogen- oder AIDS-Tests debattiert wird. Viele dieser Tests sind weitaus weniger zuverlässig: So stand kürzlich im *Wall Street Journal,* daß der bekannte Pap-Test bei Gebärmutterkrebs nur zu 75 Prozent richtige Ergebnisse liefere. Für ihre Unzuverlässigkeit geradezu berüchtigt sind die Tests mit dem Lügendetektor. Nach der oben dargestellten Methode läßt sich spielend leicht beweisen, warum die Zahl der ehrlichen Menschen, die vom Lügendetektor angeblich überführt werden, bei weitem höher ist als die der ertappten Lügner.

Zahlenmystik

Weniger folgenschwer als ungenaue Tests ist die Zahlenmystik, die Art von Pseudowissenschaft, die ich zuletzt behandeln möchte. Zahlenmystik ist ein sehr altes Verfahren, das in zahlreichen Gesellschaften der Antike und des Mittelalters verbreitet war. Sie stützt sich auf die Zuordnung numerischer Werte zu bestimmten Buchstaben; aus der numerischen Gleichstellung von verschiedenen Wörtern und Sätzen werden dann bestimmte Bedeutungen herausgelesen.

Die Zahlenwerte der Buchstaben des hebräischen Wortes für ›Liebe‹ *(ahavah)* ergeben die Summe 13 – die gleiche Summe wie für die Buchstaben im hebräischen Wort für ›der eine‹ *(ehad).* Da ›der eine‹ die verkürzte Form von ›der eine Gott‹ ist, wurde von vielen Leuten die Gleichwertigkeit der beiden Wörter für bedeutungsvoll gehalten. Hinzu kommt noch, daß ihre Summe 26 ergibt, der numerische Wert für ›Jahwe‹, der geheiligte Name Gottes.

Die Zahl 26 war noch aus anderen Gründen wichtig: In Vers 26 des ersten Kapitels der Genesis sagt Gott: »Wir wollen den Menschen nach unserem Bilde schaffen«; zwischen Adam und Moses lagen 26 Generationen; und die Differenz der Zahlenwerte von Adam (45) und Eva (19) beträgt 26.

Die Rabbis und die Anhänger der Kabbala, die Zahlenmystik (Gematria) betrieben, benutzten noch eine Vielzahl anderer Zahlensysteme, wobei sie mitunter die Potenzen der 10er-Reihen außer acht ließen – statt 10 lasen sie also 1, statt 20 nahmen sie 2 usw. Auf diese Weise konnte, wenn es erforderlich war, dem ersten Buchstaben im Wort ›Jahwe‹, dem der Wert 10 zugeschrieben war, auch der Wert 1 gegeben werden, damit das Wort ›Jahwe‹ insgesamt den Wert 17 bekam, den gleichen Wert, den auch das Wort ›Gott‹ *(tov)* hat. In anderen Fällen wurden die Quadrate der Zahlenwerte bestimmter Buchstaben genommen, wobei ›Jahwe‹ zum Beispiel den Wert 186 erhalten würde: den gleichen Wert also, den das Wort für ›Stelle‹ *(maqom)* hat, ein Wort, mit dem man auch auf ›Gott‹ verweisen kann.

Auch die Griechen kannten zahlenmystische Verfahren (Isopsephia). Schon in der Antike wurde von Pythagoras und seiner Schule Zahlenmystik betrieben. Besondere Verbreitung fand sie dann nach der Einführung des Christentums. Bei den Christen hatte das griechische Wort für ›Gott‹ *(theos)* den Zahlenwert 284, also den gleichen, den auch die Worte für ›heilig‹ und ›gut‹ hatten. Der Zahlenwert für die Buchstaben Alpha und Omega, Symbole für den Anfang und das Ende, war 801, der gleiche wie für das Wort ›Taube‹ *(peristerae)*, was als mystische Bestätigung des christlichen Glaubens an die

Dreieinigkeit betrachtet wurde. Die griechischen Gnostiker fanden heraus, daß das griechische Wort für ›Nil‹ den Zahlenwert 365 hast, wodurch das ganzjährige Strömen des Flusses angezeigt wurde.

Christliche Mystiker verwendeten viel Energie darauf, die Zahl 666 zu enträtseln, von der Apostel Paulus sagte, sie bezeichne den Namen des apokalyptischen Tiers, des Antichristen. Eine genau festgelegte Methode, wie man Zahlen bestimmten Buchstaben zuordnet, gab es jedoch noch nicht, deshalb ist nicht ganz klar, auf wen sich die Zahl bezieht. ›Caesar Nero‹, der Name des ersten römischen Kaisers, der die Christen verfolgen ließ, hatte im hebräischen System den Wert 666; im griechischen System hatte das Wort ›Römer‹ diesen Wert. Diese Zahl wurde oft für ideologische Zwecke gebraucht: Ein katholischer Autor des sechzehnten Jahrhunderts schrieb ein Buch, dessen Hauptthese darin bestand, Martin Luther als Antichristen zu entlarven, weil im lateinischen System sein Name den Zahlenwert 666 habe. Die Anhänger Luthers erwiderten, daß die auf der päpstlichen Krone eingeprägten Worte: ›Stellvertreter des Sohnes Gottes‹ den Wert 666 hätten – wenn man nämlich die römischen Zahlen zusammenrechne, die den Buchstaben dieser Sentenz entsprächen. Um auf die Gegenwart zurückzukommen: Die fundamentalistische Rechte der Vereinigten Staaten hat herausgefunden, daß jedes Wort des Namens ›Ronald Wilson Reagan‹ aus sechs Buchstaben besteht.

Ähnliche Beispiele könnten aus moslemischen Verfahren der Zahlenmystik zitiert werden. Solche Deutungen mit Hilfe von Zahlen (seien sie nun jüdischer, griechischer, christlicher oder moslemischer Art) wurden nicht nur benutzt, um religiöse Dogmen auf mystische Weise abzusichern, sie dienten auch zum Wahrsagen, zur Traumdeutung und für anderes mehr. Oft wurden diese Verfahren von der orthodoxen Geistlichkeit bekämpft, unter den Laien aber waren sie weit verbreitet.

Selbst heute sind bestimmte Formen dieses numerischen Aberglaubens noch nicht ausgestorben. Für die *New York Times* besprach ich Georges Ifrahs Buch *From One to Zero* (aus dem die meisten der oben genannten Beispiele stammen) und erwähnte dabei in völlig neutralem Ton die Zahl 666, Martin Luther und die Papstkrone. Als Antwort darauf erhielt ich ein halbes Dutzend schwachsinniger antisemitischer Briefe; in einigen wurde ich als Antichrist beschimpft. Vor einigen Jahren hatten *Procter and Gamble** ähnliche, aber weitaus ernstere Probleme wegen der angeblichen numerischen Symbolik ihres Firmenemblems.

Zahlenmystik ist, besonders wenn sie für Wahrsagerei und für Prophezeiungen verwendet wird, in vielerlei Hinsicht eine typische Pseudowissenschaft. Sie trifft Vorhersagen und stellt Behauptungen auf, die so gut wie unwiderlegbar sind, weil der Zahlenmystiker sich immer auch eine ganz andere Formulierung einfallen lassen kann, die mit dem übereinstimmt, was dann wirklich geschieht. Da diese Pseudowissenschaft mit Zahlen jongliert, verfügt sie über eine grenzenlose Vielfalt, die den Einfallsreichtum und die Kreativität ihrer Anhänger stimuliert, ohne sie mit der Pflicht zu belasten, die Gültigkeit der Ergebnisse zu überprüfen oder Gegenproben durchzuführen. Ihre Gleichungsformeln werden in der Regel dazu benutzt, bestehende Dogmen zu bestätigen, und es wird – wenn überhaupt – nur wenig Mühe darauf verwendet, Gegenbeispiele zu finden. Sicherlich gibt es auch für das Wort ›Gott‹ einen numerischen Ausdruck, der den gleichen Zahlenwert besitzt wie bestimmte gotteslästerliche oder spaßige Wörter. (Ich verzichte darauf, hierfür Beispiele anzuführen.) Wie viele andere Pseudowissenschaften auch hat die Zahlenmystik eine jahrhun-

* Industriekonzern für Reinigungsmittel (Anm. d. Übers.)

dertelange Tradition und genießt wegen ihrer religiösen Aspekte eine gewisse Achtung.

Wenn man die Zahlenmystik all ihrer Elemente des Aberglaubens entkleidet, bleibt ein kleiner Rest, der eine eigentümliche Faszination besitzt. Ihre Reinheit (nur Zahlen und Buchstaben) und ihre Tabula-rasa-Qualität (ähnlich wie beim Rorschach-Test) eröffnen einen maximalen Spielraum, das zu sehen, was man sehen will und das zu verknüpfen, was man verknüpfen will, Zumindest aber stellt sie eine unerschöpfliche Quelle für Gedächtnishilfen dar.

Die Logik und die Pseudowissenschaft

Da Zahlen und Logik sowohl theoretisch als auch im Alltagsverständnis äußerst kunstvoll miteinander verwoben sind, ist es vielleicht nicht zu weit hergeholt, logische Fehlschlüsse als eine Form mathematischen Analphabetentums zu bezeichnen. Auf dieses Thema bin ich in diesem Kapitel bereits kurz eingegangen. Lassen Sie mich deshalb mit zwei Beispielen für falsche rechnerische Schlußfolgerungen schließen, die ziemlich eindringlich klarmachen, welche Rolle mathematisches Analphabetentum – im Gewand irreführender Logik – innerhalb der Pseudowissenschaften spielt.

Eine bedingte Aussage (wenn A, dann B) mit ihrem Gegenteil (wenn B, dann A) zu vertauschen, ist ein Fehler, der sehr häufig begangen wird. Eine etwas ungewöhnliche Variante dieses logischen Fehlers kommt dann zustande, wenn jemand schlußfolgert, daß das Fehlen des Heilmittels X die Krankheit Y hervorruft. Zum Beispiel: Wenn das Medikament Dopamin das Zittern abschwächt, das bei der Parkinsonschen Krankheit auftritt, muß das Fehlen von Dopamin Zitteranfälle hervorrufen. Wenn ein anderes Medikament die bei Schizophrenie auftretenden Symptome mildert, muß eine Überdosis dieses Mittels die Schizophrenie hervorrufen. Bei vertrauteren Situationen dürfte dieser Irrtum seltener vorkommen. Kaum jemand wird annehmen, daß durch das Fehlen von Aspirin im Blutkreislauf Kopfschmerzen ausgelöst werden.

Aus einem Gefäß voller Fliegen, das vor ihm steht, entnimmt der berühmte Experimentator Van Dumholtz vorsichtig eine Fliege, entfernt ihr sanft die Hinterbeine und befiehlt ihr dann mit lauter Stimme zu hüpfen. Er merkt an, daß sie sich nicht bewegt, und versucht das gleiche nochmals mit einer anderen Fliege. Nachdem er seine Vorführung beendet hat, entwirft er eine kurze Statistik und schließt mit dem Brustton der Überzeugung, daß Fliegen ihr Gehör offensichtlich in den Hinterbeinen haben. Sicherlich eine absurde Erklärung – aber ist sie absurder als die Behauptung eines spiritistischen Scharlatans, die Skepsis der Zuschauer sei schuld daran, daß bestimmte paranormale Phänomene nicht zustande kommen?

Was ist falsch an dem folgenden – nicht ganz logischen – Schluß? Wir wissen, daß 36 Inches gleich 1 Yard sind. Daraus folgt: 9 Inches = $1/4$ Yard. Da die Quadratwurzel aus 9 = 3 ist und die Quadratwurzel aus $1/4 = 1/2$ ist, schließen wir, daß 3 Inches gleich $1/2$ Yard sind!

Es ist oft ziemlich schwierig, die Behauptung zu widerlegen, daß bestimmte Dinge existieren, und diese Schwierigkeit wird oft fehlinterpretiert als Beweis dafür, daß die Behauptung wahr sei. Pat Robertson, der ehemalige Fernsehprediger und Präsidentschaftskandidat, behauptete kürzlich, er könne nicht beweisen, daß es auf Kuba keine sowjetischen Raketenstützpunkte gebe, daher seien dort wahrscheinlich welche. Natürlich hat er recht, aber ich kann ebensowenig beweisen, daß der Große Bruder nicht außerhalb von Havanna einen schmalen Streifen Land besitzt. Die Anhänger der New-

Age-Bewegung behaupten auch alles mögliche: daß es außersinnliche Wahrnehmung gebe, daß es von Geistern nur so wimmle, daß mitten unter uns Außerirdische leben usw. Da ich mich von Zeit zu Zeit mit diesen und ähnlichen phantastischen Behauptungen beschäftigen muß, fühle ich mich manchmal wie ein korrekt gekleideter Abstinenzler inmitten einer Saufogie: ein Pedant, der ständig wiederholt, daß die Unmöglichkeit, bestimmte Behauptungen schlüssig zu widerlegen, noch lange nicht beweist, daß sie gültig sind.

Es ließen sich noch weit mehr Beispiele von simplen logischen Fehlschlüssen zitieren, aber der wesentliche Punkt ist vermutlich schon klar geworden: Mathematisches Analphabetentum und fehlendes logisches Denken bereiten den Boden für die Ausbreitung der Pseudowissenschaft. Warum dieser Boden so fruchtbar ist, wird im folgenden Kapitel erläutert.

4. KAPITEL

Wie kommt es zu mathematischem Analphabetentum?

Kürzlich erlebte ich in einem Schnellimbiß-Restaurant am Stadtrand folgendes: Meine Bestellung – ein Hamburger, Pommes frites und eine Cola – beläuft sich auf 2,01 Dollar. Der Kassierer, der bestimmt schon seit Monaten hier arbeitet, sucht auf der Tabelle neben der Registrierkasse, auf der die sechsprozentige Steuer verzeichnet ist, verzweifelt nach der Zeile, in der \$ 2,01 – \$ 0,12 steht. Um den mathematischen Analphabeten eine Hilfestellung zu geben, haben die größeren Geschäfte nunmehr Registrierkassen mit einer Tastatur, auf der die Waren bildlich dargestellt sind. Außerdem rechnen diese Kassen den entsprechenden Steuerbetrag automatisch aus.

In einer Studie wird nachgewiesen, daß das wichtigste Entscheidungskriterium für Frauen, die politische Wissenschaften studieren wollen, die Frage ist, ob die betreffende Universität als Aufnahmebedingung mathematische oder statistische Kenntnisse verlangt.

Als den gelehrten Astronomen ich hörte, der seinen
Vortrag hielt unter großem Applaus,
Wie bald wurde ich da so sonderbar müde und krank.

Walt Whitman, *Grashalme*

Warum ist mathematisches Analphabetentum selbst unter gebildeten Menschen so weit verbreitet? Die Gründe sind, stark vereinfacht gesagt, ein erbärmlicher Schulunterricht, psychologische Hemmnisse und romantische Fehldeutungen über das Wesen der Mathematik. Ich selbst bin die Ausnahme, die die Regel bestätigt. In meinem zehnten Lebensjahr verspürte ich zum ersten Mal den Wunsch, Mathematiker zu werden. Damals errechnete ich, daß ein bestimmter Werfer der damaligen Baseball-Mannschaft *Milwaukee Braves* eine durchschnittliche Punktzahl von 135 erreicht hatte. (Für Baseball-Fans: Er erzielte fünf gültige Runs und warf nur einen Schlagmann aus dem Spiel.) Ich war tief beeindruckt von diesem außerordentlich schlechten Durchschnittswert. Als ich meinem Lehrer schüchtern davon erzählte, trug er mir auf, die Sache vor der Klasse darzustellen. Da ich ziemlich ängstlich war, zitterte meine Stimme, und ich wurde knallrot im Gesicht. Als ich meinen Vortrag beendet hatte, sagte mein Lehrer, ich hätte völligen Unsinn erzählt, und solle mich setzen. Dann erklärte er apodiktisch, die durchschnittliche Punktzahl beim Baseball könne niemals höher sein als 27.

Am Ende der Spielsaison veröffentlichte das *Milwaukee Journal* eine Liste mit den Durchschnittswerten aller Oberklasse-Spieler, und da der besagte Werfer seither nicht mehr gespielt hatte, lag sein durchschnittliches Ergebnis bei 135, wie ich es ausgerechnet hatte. Ich erinnere mich, daß mir die Mathematik damals als eine Art allgewaltige Beschützerin erschien. Man konnte damit den Leuten bestimmte Dinge beweisen, und sie mußten sie glauben, ob sie einen nun mochten oder nicht. Noch gekränkt von der Demütigung, die ich erlitten hatte, nahm ich also die Zeitung, um sie meinem Lehrer zu zeigen. Er blickte mich nur verächtlich an und befahl mir wieder, mich zu setzen. Seine

Vorstellung von einer guten Erziehung lief offenbar darauf hinaus, daß jedermann auf seinem Stuhl zu sitzen hatte.

Obgleich nicht überall solche Zuchtmeister wie mein Lehrer am Werk sind, ist die mathematische Ausbildung an den Primärschulen im allgemeinen recht erbärmlich. Im großen und ganzen gelingt es den Lehrern in den Grundschulen*, die grundlegenden Algorithmen für Multiplikation und Division, Addition und Subtraktion zu vermitteln. Die Schüler erfahren auch, wie man mit Brüchen, Dezimalzahlen und Prozentrechnungen umgeht. Leider aber wird dort die Frage vernachlässigt, wann man addiert oder subtrahiert, wann man multipliziert oder dividiert oder wie man Brüche in Dezimal- oder Prozentzahlen umrechnet. Selten werden arithmetische Probleme in andere Unterrichtsfächer einbezogen – wieviel, wie weit, wie alt, wie oft.

Zwar beenden nur wenige Schüler die Grundschule, ohne ihre Arithmetiktafeln zu kennen; viele der Absolventen aber haben nicht begriffen, daß jemand 200 Kilometer zurücklegt, wenn er vier Stunden lang mit 50 Stundenkilometern fährt, daß, wenn Erdnüsse 40 Cents die Unze kosten und eine Tüte $ 2,20 kostet, 5,5 Unzen Erdnüsse in dieser Tüte sind; daß, wenn $^1/_4$ der Weltbevölkerung Chinesen sind und $^1/_5$ der übrigen Weltbevölkerung Inder, $^3/_{20}$ oder 15 Prozent Inder sind. Diese Art des Verständnisses für Mathematik ist natürlich etwas anderes, als abstrakt-formale Rechenaufgaben lösen zu können wie: $50 \times 4 = 200$; $(2{,}2)/(0{,}4) = 5{,}5$; $^1/_5 \times (1 - {}^1/_4) = {}^3/_{20} = 0{,}15 = 15$ Prozent. Und da bei vielen Grundschülern dieses Verständnis nicht von selbst kommt, muß es mit zahlreichen Beispielen – teils alltäglichen, teils kuriosen – gefördert werden.

Im allgemeinen lernen die Schüler auch nicht, wie man schätzt; ein paar Beispiele dafür, wie Zahlen gerundet

* Engl.: ›Elementary School‹ (vom 6.–13. Lebensjahr). (Anm. d. Übers.)

werden, sind zumeist das höchste der Gefühle. Ganz selten wird der Praxisbezug solcher Verfahren thematisiert. Den Schülern wird nicht aufgetragen, zu schätzen, wie viele Ziegelsteine die Mauer des Schulhauses hat, wie schnell der schnellste Läufer der Klasse rennt, wie hoch der Prozentsatz von Schülern mit kahlköpfigen Vätern ist, in welchem Verhältnis der Kopfumfang eines Menschen zu seiner Körpergröße steht, wie viele Pfennigstücke man braucht, um einen Turm von der Größe des Empire State Building zu bauen, oder ob all diese Pfennigstücke in das Klassenzimmer passen würden.

Fast nie wird induktives Folgern gelehrt, fast nie werden mathematische Phänomene daraufhin untersucht, welche Merkmale und Regeln ihnen zugrunde liegen. Über informelle Logik hört man im Mathematikunterricht an Grundschulen ebensoviel wie über isländische Sagen. Rätsel, Spiele und knifflige Aufgaben werden wohl deshalb nicht diskutiert, weil es für einen aufgeweckten Zehnjährigen ein leichtes wäre, seinen Lehrer zu übertreffen. Die enge Beziehung zwischen der Mathematik und solchen Spielen wurde von Martin Gardner überaus engagiert dargelegt. Gardners hinreißende Bücher und Artikel im *Scientific American* wären für High-School- und College-Schüler* eine spannende Lektüre. Das gleiche gilt für die Bücher des Mathematikers George Pólya, *How to Solve It* und *Mathematics and Plausible Reading***. Ein vergnügliches Buch, von ähnlichem Charakter wie die eben genannten, aber mehr als Einführung gedacht, ist *I Hate Mathematics* von Marilyn Burns. Es ist gespickt mit dem, was die Mathematikbücher der Grundschule vermissen lassen –

* Die High School dauert vier Jahre und wird zwischen dem 14. und 17. Lebensjahr absolviert. Das College geht vom 18. bis 21. Lebensjahr und wird meist mit dem Grad eines ›Bachelor‹ abgeschlossen. (Anm. d. Übers.)

** Dt.: Mathematik und plausibles Schließen. Basel und Stuttgart 1962. (Anm. d. Übers.)

Erkenntnishilfen für die Problemlösung und skurrile Beispiele.

Zu viele Schulbücher reihen noch immer Namen und Begriffe aneinander und präsentieren nur wenige anschauliche Beispiele. Es wird etwa vermerkt, daß die Addition eine verbindende Operation sei, da $(a + b) + c = a + (b + c)$. Aber nur selten wird überhaupt erwähnt, daß es Operationen gibt, die nichtverbindend sind; daher ist die Definition bestenfalls unnötig. Was kann man mit dieser Information denn überhaupt anfangen? Andere Begriffe scheinen nur deshalb eingeführt zu werden, weil sie außerordentlich eindrucksvoll wirken, wenn man sie in Fettschrift auf der Seitenmitte in einem Rahmen abdruckt. Sie verstärken nur die weitverbreitete Haltung, daß Wissenschaft eine Art allgemeine Botanik sei, wo es für alles einen Platz gibt. Mathematik als ein nützliches Werkzeug oder als eine Art des Denkens oder als eine Quelle des Vergnügens – das sind Vorstellungen, die den meisten Lehrplänen an Grundschulen völlig fremd sind.

Man möchte meinen, daß auf unserem heutigen Niveau die Computer-Software darauf ausgerichtet sei, die Grundlagen der Arithmetik und ihre Anwendungsbereiche (in Worten formulierte Probleme, Schätzungen usw.) verständlich zu machen. Leider sind die Programme, über die wir zur Zeit verfügen, meistens bloße Übertragungen phantasieloser Serien von Routineübungen aus den Lehrbüchern auf den Computer-Monitor. Ich kenne kein Programm, das einen integrierten, zusammenhängenden und wirksamen Zugang zur Arithmetik und ihren problemorientierten Anwendungsbereichen bieten würde.

Einen Teil der Schuld für den im allgemeinen erbärmlichen Unterricht an Grundschulen tragen schließlich die Lehrer, die ungenügend ausgebildet sind und häufig zu wenig Interesse und Wertschätzung gegenüber der

Mathematik zeigen. Dafür wiederum ist die Lehrerausbildung an den Colleges und Universitäten verantwortlich, die in ihren Lehrplänen nur wenig oder überhaupt kein Gewicht auf die Mathematik legt. Zumeist sind ehemalige Schüler, die Mathematik im Nebenfach hatten (im Unterschied zu Hauptfach-Schülern), die schlechtesten Studenten in meinen Kursen. Bei zukünftigen Grundschullehrern sind die Grundlagenkenntnisse in Mathematik noch schlechter, und manches Mal fehlen sie auch gänzlich.

Eine Teillösung wäre es, an jeder Grundschule einen oder zwei Spezialisten für Mathematik einzustellen, die nacheinander jede Klasse besuchen und dort den Mathematik-Unterricht ergänzen (oder abhalten) könnten. Ich denke manchmal, es wäre eine gute Idee, wenn für einige Wochen im Jahr Mathematik-Professoren und Lehrer an Grundschulen die Plätze tauschten. Die Grundschullehrer würden den Studenten an Colleges und Universitäten keinen Schaden zufügen (im Gegenteil, erstere könnten von letzteren noch etwas lernen), während es für die Schüler der unteren Jahrgangsstufen ein großer Gewinn wäre, wenn man ihnen mathematische Rätsel zeigte und mathematische Spiele fachmännisch präsentierte.

Eine kleine Abschweifung: Diese Verbindung von Rätseln und Mathematik ist auch bei Studenten der höheren Semester und Mathematikern in der Forschung sehr beliebt. Das gleiche gilt für den Humor. In meinem Buch *Mathematics and Humor* versuche ich zu zeigen, daß beide Formen eines intellektuellen Spiels sind.

Wie in der Mathematik sind auch bei humoristischen Darstellungen Kombinationen wichtig. Man nimmt Ideen auseinander und fügt sie wieder zusammen, nur so zum Spaß – verknüpft Gegensätzliches miteinander, verallgemeinert, macht Wiederholungen oder dreht die Reihenfolge um. Was ist, wenn ich den einen Aspekt einer Sache ignoriere und den anderen überbetone? Was hat eine Vorstellung – sagen wir die Knotenstruktur einer Klöppelarbeit – gemeinsam mit einer Vorstellung aus einem anscheinend völlig anderen Bereich – sagen wir, den Symmetrien einer geometrischen Figur? Natürlich ist dieser Aspekt der Mathematik selbst mathematisch erfahrenen Leuten nicht sehr geläufig, da man zuerst einmal mathematische Vorstellungen haben muß, bevor man mit ihnen spielen kann. Auch sind Einfallsreichtum, ein Gefühl für Widersinnigkeit und das Gespür dafür, wie man etwas geschickt ausdrückt, sowohl für die Mathematik als auch für Komik und Humor von entscheidender Bedeutung.

Mathematiker haben, so könnte man meinen, einen besonderen Sinn für Humor, der aus ihrem besonderen Arbeitsbereich erwächst. Sie neigen dazu, Ausdrücke wörtlich zu nehmen, und diese wörtliche Interpretation steht oft in Widerspruch zu der allgemein geläufigen und wirkt deshalb komisch. Mathematiker praktizieren ebenso gerne die reductio ad absurdum, das logische Verfahren, jede Prämisse bis zum Extrem weiterzuentwickeln, und sie lieben kombinatorische Wortspiele.

Wenn man im Mathematikunterricht an der Grundschule, an der High School und am College diese spielerischen Aspekte stärker berücksichtigen würde, wäre mathematisches Analphabetentum mit Sicherheit nicht so verbreitet, wie es der Fall ist.

Unterricht an High Schools, am College und an Universitäten

Wenn die Schüler dann die weiterführenden Schulen besuchen, wird die Frage der Qualifikation der Lehrer natürlich noch entscheidender. Heute arbeiten so viele mathematisch talentierte Leute (von denen es nur wenige gibt) in der Computer-Industrie, bei Investment-Banken oder in verwandten Bereichen, daß meiner Meinung nach nur deutliche Gehaltsverbesserungen für hochqualifizierte Mathematiklehrer eine weitere Verschlechterung der Situation an den High Schools verhindern könnte. Da es auf diesem Niveau weniger wichtig ist, eine lange Liste von Kursen abzuhaken, als die entscheidenden mathematischen Begriffe zu beherrschen, könnte es auch äußerst hilfreich sein, wenn man Ingenieuren im Ruhestand und anderen wissenschaftlich Tätigen erlauben würde, Mathematik zu unterrichten. Unter den jetzigen Verhältnissen werden unseren Schülern nicht einmal die grundlegenden Elemente der mathematischen Kultur beigebracht. 1579 begann Vieta damit, algebraische Variablen – x, y, z usw. – als Symbole für unbekannte Mengen zu benutzen. So einfach diese Idee ist – auch heute noch begreifen viele Schüler an weiterführenden Schulen diese vierhundert Jahre alte Methode der Darstellung nicht: Nimm x stellvertretend für eine unbekannte Menge, finde die Gleichung, der x entspricht, und löse sie, um auf diese Weise den Wert der unbekannten Menge zu erhalten.

Selbst wenn die Unbekannten richtig angezeigt werden und die zugehörige Gleichung aufgestellt werden kann, werden die Rechenschritte, die nötig sind, um sie zu lösen, oft nur ansatzweise verstanden. Ich wünschte, ich hätte fünf Dollar für jeden Studenten, der die Algebra-Klasse an einer höheren Schule absolviert hat und beim Einstufungstest an der Universität in der Lage ist, die Formel $(x + y)^2 = x^2 + y^2$ zu schreiben.

Ungefähr fünfzig Jahre, nachdem Vieta die algebraischen Variablen eingeführt hatte, entwickelte Descartes eine Methode, wie man bestimmte Punkte einer Ebene einem Paar natürlicher Zahlen zuordnen kann und wie sich, vermittels dieser Zuordnung, algebraische Gleichungen in geometrischen Kurven darstellen lassen. Die

Disziplin, die aus dieser Methode erwuchs, nämlich die analytische Geometrie, ist für das Verständnis der Rechenarten von entscheidender Bedeutung; doch unsere Schüler absolvieren immer noch die höheren Schulen, ohne Geraden oder Parabeln graphisch darstellen zu können.

Selbst die vor zweieinhalbtausend Jahren in Griechenland entwickelte Methode der axiomatischen Geometrie – man geht von einigen Axiomen aus, aus denen durch logisches Schließen Theoreme abgeleitet werden – wird an weiterführenden Schulen nicht nachhaltig unterrichtet. So verwendet ein bekanntes Lehrwerk zur Geometrie mehr als hundert Axiome, um damit eine fast gleich große Zahl von Theoremen zu beweisen! Bei so vielen Axiomen bleiben alle Theoreme an der Oberfläche, und so sind nur drei oder vier Schritte erforderlich, um den Beweis zu führen – keines davon führt also zu einem tieferen Verständnis.

Zusätzlich zu einer breiteren Kenntnis der Algebra, der Geometrie und der analytischen Geometrie sollten den Schülern an den High Schools einige der wichtigsten Ideen der sogenannten finiten Mathematik beigebracht werden. Die Kombinatorik (die die verschiedenen Arten lehrt, wie man Vertauschungen und Verknüpfungen von Objekten berechnet), die graphische Theorie (die sich mit der Darstellung von Linien und Scheitelpunkten und mit den Phänomenen beschäftigt, die auf diese Weise erzeugt werden können), die Spieltheorie (die mathematische Analyse von Spielen aller Art) und besonders die Wahrscheinlichkeitsrechnung werden zusehends wichtiger. Die an manchen High Schools zu beobachtende Absicht, unterschiedliche Rechenarten zu unterrichten, erscheint mir fragwürdig, wenn dafür die oben genannten Disziplinen der finiten Mathematik unter den Tisch fallen. (Ich schreibe hier über einen idealen Lehrplan für höhere Schulen. Wie in dem neuesten ›Mathematics

Report Card‹[*], herausgegeben vom *Educational Testing Service*[**], nachgewiesen wird, ist die Mehrzahl der Schüler an den High Schools kaum in der Lage, solch grundlegende Probleme zu bearbeiten, wie ich sie einige Seiten zuvor beschrieben habe.)

Die High Schools sind der Ort, wo man die Schüler noch erreichen kann. Wenn sie erst einmal das College besuchen, ist es für viele, denen das nötige Hintergrundwissen in Algebra und analytischer Geometrie fehlt, oft schon zu spät. Selbst solche Studenten, die mathematische Grundkenntnisse besitzen, sind sich nicht immer bewußt, in welchem Ausmaß auch andere Fächer ›mathematisiert‹ werden. Und auch sie belegen auf dem College nur ein Minimum an Mathematik.

Besonders Frauen landen oft in unterbezahlten Bereichen, weil sie alles daransetzen, um einem Chemie- oder einem Ökonomie-Kurs zu entgehen, der Mathematik oder Statistik zur Voraussetzung hat. Ich habe schon zu oft gesehen, daß hochbegabte Frauen in die Soziologie gingen und geistig schwerfällige Männer ins Wirtschaftsleben, wobei der einzige Unterschied hinsichtlich ihrer Qualifikation darin bestand, daß die Männer am College mit Müh und Not einige Mathematik-Kurse bewältigt hatten.

Den Studenten, die auf dem College Mathematik im Hauptfach studieren und Grundkurse in Differentialgleichung, höherer Mathematik, abstrakter Algebra, linearer Algebra, Topologie, Logik, Wahrscheinlichkeitsrechnung und Statistik, realer und komplexer Analysis usw. belegen, steht eine große Auswahl an Berufsfeldern offen, die längst nicht mehr auf Bereiche der Mathematik und der Computerwissenschaft beschränkt

* Etwa: ›Bericht über den Unterricht in Mathematik‹ (Anm. d. Übers.)

** Behörde für die Kontrolle von Schulprüfungen und -zeugnissen (Anm. d. Übers.)

sind. Sogar Unternehmen, die überhaupt nichts mit Mathematik zu tun haben, ziehen bei Stellenbewerbungen oft Hauptfach-Studenten der Mathematik vor, weil sie wissen, daß analytische Fähigkeiten jedermann von Nutzen sind, ganz gleich, in welchem Beruf er arbeitet.

Schüler, die Mathematik als Hauptfach belegten und ihre Studien weiterführen, werden feststellen, daß der Mathematikunterricht für höhere Semester (im Gegensatz zu dem auf niedrigerer Ebene) der beste der Welt ist. Leider ist es zu diesem Zeitpunkt für die meisten schon zu spät, und die hervorragende Stellung der mathematischen Forschung kommt den niedrigeren Unterrichtsebenen nicht zugute. Dies ist zu einem guten Teil auf die Unfähigkeit der amerikanischen Mathematiker zurückzuführen, ein größeres Publikum anzusprechen als nur die kleine Zahl von Spezialisten, die ihre Forschungsberichte lesen.

Bestimmte Lehrbuchautoren ausgenommen, hat nur eine Handvoll Mathematik-Autoren ein Laienpublikum von mehr als tausend Lesern. Angesichts dieser traurigen Tatsache ist es nicht überraschend, daß nur wenige gebildete Menschen zugeben würden, Namen wie Shakespeare, Dante oder Goethe seien ihnen völlig unbekannt, während die meisten von ihnen offen eingestehen, daß sie nichts über Gauß, Euler oder Laplace wissen. Während die Klassiker der Literatur also unbestritten zum Bildungsgut gehören, ist das bei den Klassikern der Mathematik keineswegs der Fall.

Doch selbst auf dem Niveau der höheren Semester und der mathematischen Forschung gibt es bedrohliche Anzeichen. Es kommen so viele Studenten aus dem Ausland, um hier ihr Diplom zu erwerben, und es schließen so wenige amerikanische Studenten das Hauptfachstudium in Mathematik mit einer Prüfung ab, daß in vielen Fachbereichen amerikanische Oberseminaristen in der Minderheit sind. Tatsächlich wurden von 1986 bis 1987 an US-amerikanischen Universitäten 739 Promotionsprüfungen in Mathematik durchgeführt, und nur etwas weniger als die Hälfte der Kandidaten, nämlich 362, waren US-Bürger.

Mathematiker, die sich nicht dazu herablassen, ihr Fach einem breit gestreuten Publikum nahezubringen, wirken wie Multimillionäre, die keinen Pfennig für wohltätige Zwecke springen lassen. Angesichts des relativ niedrigen Gehalts vieler Mathematiker ließen sich beide Mängel beheben, wenn Multimillionäre Mathematiker unterstützen würden, die für ein breites Publikum schreiben. (Aber das ist nur so eine Idee.)

Viele Mathematiker erklären, sie könnten keine populärwissenschaftlichen Bücher schreiben, da ihr Fachgebiet zu entlegen sei. Das hat natürlich einiges für sich, aber Martin Gardner, Douglas Hofstadter und Raymond Smullyan sind drei offensichtliche Gegenbeispiele. Auch in diesem Buch mag einiges ziemlich kompliziert anmuten; die mathematischen Voraussetzungen jedoch, die man benötigt, sind wirklich minimal: Grundkenntnisse der Arithmetik, Bruchrechnen, Dezimalzahlen und Prozentrechnungen. Es ist fast immer möglich, mit einem minimalen technischen Apparat einen intellektuell seriösen und anregenden Zugang zu jedem beliebigen Wissensgebiet zu schaffen. Dies wird aber nur selten getan, weil die meisten Priesterschaften (die Mathematiker eingeschlossen) dazu neigen, sich hinter einer Mauer der Geheimniskrämerei zu verstekken und nur mit ihren Priesterkollegen zu verkehren.

Kurz gesagt, es gibt einen offensichtlichen Zusammenhang zwischen mathematischem Analphabetentum und dem erbärmlichen Mathematikunterricht, dem so viele Leute ausgesetzt sind. So weit, so schlecht. Doch dies ist nicht die ganze Wahrheit, weil es viele Leute gibt, die in Mathematik sehr befähigt sind, obwohl sie nur eine geringe formale Schulbildung genossen haben. Was das Verständnis für die Mathematik mehr beeinträchtigt als ein unwirksamer oder ungenügender Unterricht, sind psychologische Faktoren.

Mathematisches Analphabetentum und die Neigung, alles auf sich selbst zu beziehen

Ein wichtiger psychologischer Faktor ist die Unpersönlichkeit der Mathematik. Manche Leute beziehen bestimmte Ereignisse in übertriebenem Maße auf sich selbst und sträuben sich dagegen, eine weniger subjektive Betrachtung gelten zu lassen. Da Zahlen und eine unpersönliche Sichtweise gegenüber der Welt eng miteinander verknüpft sind, führt diese Verweigerung zu einem fast vorsätzlich herbeigeführten mathematischen Analphabetentum.

Quasi-mathematische Fragen stellen sich gleichsam von selbst, wenn man von seiner eigenen Person, seiner Familie und seinen Freunden abstrahiert. Wie viele? Wie lange schon? Wie weit entfernt? Wie schnell? Was verbindet das eine mit dem anderen? Was ist wahrscheinlicher? Wie beziehe ich in meine Projekte örtliche, nationale und internationale Ereignisse mit ein? Wie bemessen sich meine Projekte nach historischen, biologischen, geologischen und astronomischen Zeiteinheiten?

Menschen, die stets nur sich selbst und ihre Probleme sehen, empfinden solche Fragen bestenfalls als unangebracht, im schlimmsten Falle aber als verabscheuungswürdig. Zahlen und alles ›Wissenschaftliche‹ haben für solche Menschen nur dann einen Reiz, wenn sie sich auf ihre eigene Person beziehen lassen. Oft sind solche Leute Anhänger der New-Age-Bewegung und glauben an Tarotkarten, das *I Ging*, Astrologie und Biorhythmen, weil diese sie mit individuell maßgeschneiderten ›Erkenntnissen‹ versorgen. Es ist nahezu unmöglich, solche Menschen für ein mathematisches oder wissenschaftliches Thema um seiner selbst willen zu interessieren.

Es ist ein Irrglaube, daß die Unfähigkeit, mit Zahlen umzugehen, nichts mit den realen Problemen und Belangen der Menschen – Geld, Sexualität, Familie, Freunde – zu tun hat. Wenn Sie beispielsweise an einem Sommerabend in einem Urlaubsort die Hauptstraße entlangschlendern und fröhliche Menschen sehen, die Händchen halten, Eis essen, lachen usw. – ist es da ausgeschlossen, daß Sie auf den deprimierenden Gedanken verfallen, die anderen Menschen seien glücklicher, liebenswerter und produktiver als Sie selbst?

Doch gerade in einer solch entspannten Atmosphäre stellen die Leute ihre guten Eigenschaften zur Schau, während sie, wenn sie niedergeschlagen sind, dazu neigen, sich zu verkriechen und ›unsichtbar‹ zu werden. Wir sollten nicht vergessen, daß der Eindruck, den andere auf uns machen, in der Regel auf diese Weise gefiltert wird, und daß unsere Wahrnehmung von Menschen und ihren Stimmungen nicht zufällig zustande kommt. Es ist äußerst heilsam, wenn man gelegentlich mit Erstaunen feststellt, welch hoher Prozentsatz von den Leuten, denen man begegnet, an dieser oder jener Krankheit leidet oder mit einem Unglücksfall fertig werden muß.

Es ist ganz normal, wenn man auf eine Gruppe von Einzelpersonen Idealvorstellungen projiziert. So viele Talente, so viele anziehende Eigenschaften, so viel Geld, Eleganz und Schönheit um uns herum, aber – und das ist eine simple Beobachtung – diese Vielzahl von wünschenswerten Attributen ist immer auf eine große Gruppe von Menschen verteilt. Jedes einzelne Individuum, wie brillant oder reich oder attraktiv er oder sie auch immer sein mag, hat bestimmte schwerwiegende Fehler. Die übertriebene Beschäftigung mit sich selbst macht es schwierig, dies zu erkennen. Die Folge sind Depression – oder mathematischer Analphabetismus.

Meiner Meinung nach vertreten zu viele Menschen eine ›Warum-gerade-ich?‹-Mentalität gegenüber dem Mißgeschick, das ihnen widerfährt. Man braucht kein Mathematiker zu sein, um zu erkennen, daß statistisch gesehen etwas nicht stimmen kann, wenn die meisten Menschen eine solche Einstellung haben. Es ist wie mit dem Schuldirektor, der mathematischer Analphabet ist und darüber klagt, daß die meisten seiner Schüler in Mathematik unter der allgemein üblichen Durchschnittsquote liegen. Von Zeit zu Zeit geschehen unerfreuliche Dinge, und sie geschehen immer *jemandem.* Warum nicht auch Ihnen?

Selektive Wahrnehmung und Zufall

Verkürzt gesagt, ist die Beschäftigung mit der Frage, wie Wahrnehmung gefiltert wird, nichts anderes als das, was die Psychologie tut. Unsere Persönlichkeit wird im wesentlichen dadurch geprägt, welche Eindrücke herausgefiltert werden und welche haften bleiben. Noch stärker als die Tendenz, alles ›persönlich‹ zu nehmen, scheint der sogenannte Jeane-Dixon-Effekt dazu beizutragen, daß pseudowissenschaftliche Behauptungen so großen Anklang finden. Sofern man sich nicht in hohem Maße bewußt ist, daß man zum mathematischen Analphabetentum neigt, wird man leicht einseitige Urteile fällen.

Wie gesagt, ein Mittel gegen diese Neigung ist, sich mit schmucklosen Zahlen zu beschäftigen und den eigenen Blickwinkel zu erweitern. Vergessen Sie nicht, daß das Seltene an sich bereits Aufmerksamkeit erregt, wodurch seltene Ereignisse oft wie alltägliche Gegebenheiten aufgenommen werden. Wenn Terroristen Leute entführen und wenn jemand mit Zyankali vergiftet wird, dann wird das in riesigen Schlagzeilen mit Bildern der leidenden Angehörigen usw. breitgetreten. Doch die Zahl der Todesfälle in den Vereinigten Staaten, die auf das Rauchen zurückzuführen sind, entspricht in etwa der Zahl von Toten, die zu beklagen wären, wenn Tag für Tag drei voll besetzte Jumbo-Jets abstürzen würden: 300 000 Menschen jährlich. AIDS, so tragisch diese Krankheit auch ist, verblaßt im weltweiten Vergleich mit der ganz gewöhnlichen Malaria und anderen Krankheiten. Der Mißbrauch von Alkohol, der in den USA jedes Jahr in 80 000 bis 100 000 Fällen zum Tod beiträgt, verursacht wesentlich höhere Kosten als der Drogenmißbrauch. Es ist nicht schwierig, noch weitere Beispiele zu nennen (über den Tod durch Verhungern und selbst über den Mord an Völkern wird, was ein Skandal ist, kaum berichtet), aber es ist notwendig, daß wir uns von Zeit zu Zeit an diese Beispiele erinnern, damit wir nicht von der Lawine, die die Medien auf uns losläßt, überrollt werden.

Wenn jemand alle nebensächlichen Ereignisse und alles, was ihn nicht persönlich betrifft, herausfiltert, bleiben meist nur verblüffende Merkwürdigkeiten und Zufälle übrig, und im Kopf dieses Menschen wird es bald aussehen wie auf der Titelseite der Anzeigenblätter von Supermärkten.

Selbst Menschen, die ihre Wahrnehmung nicht so stark filtern und die ein gutes Gespür für Zahlen haben, stellen fest, daß zufällige Ereignisse immer häufiger auftreten. Dies liegt aber in erster Linie an der großen Zahl und an der Komplexität der von den Menschen getroffenen Übereinkommen. Der frühzeitliche, primitive Mensch nahm die relativ seltenen natürlichen Zufälle, die sich in seiner Lebenswelt ereigneten, zur Kenntnis und trug nur langsam die oft ungenauen Beobachtungsdaten zusammen, aus denen sich die Wissenschaft entwickelte. Die

Natur an sich gibt uns keine Hilfsmittel an die Hand, mit deren Hilfe sich Zufälle verzeichnen ließen (keine Kalender, keine Landkarten, keine Adreßbücher, nicht einmal Namen). In den letzten Jahren jedoch scheint die Überfülle an Namen, Daten, Adressen und Organisationen in einer unübersichtlichen Welt die bei vielen Leuten angeborene Neigung zu verstärken, Zufälle und Unwahrscheinlichkeiten genau zu registrieren. Die Folge ist dann, daß sie dort geheime Verbindungen vermuten und Kräfte am Werk sehen, wo es überhaupt keine gibt, wo nur der Zufall regiert.

Unser angeborenes Verlangen nach Erklärung und Gesetzmäßigkeit kann uns in die Irre führen, wenn wir vergessen, daß der Zufall allgegenwärtig ist. Schuld daran ist erstens unsere Neigung, das Banale und Unpersönliche herauszufiltern, zweitens die ständig größer werdende Unübersichtlichkeit unserer Welt und drittens – wie an Beispielen bereits gezeigt wurde – die unerwatete Häufigkeit vieler verschiedener Arten von Zufällen. Der Glaube, daß Zufälle notwendigerweise oder zumindest wahrscheinlich einen tieferen Sinn haben, ist ein mentales Überbleibsel aus der Zeit unserer primitiven Vorfahren. Dieser Glaube ist eine Art psychische Illusion, für die mathematische Analphabeten besonders anfällig sind.

Die Neigung, bestimmten Phänomenen, die nur durch Zufall zustande kamen, eine tiefere Bedeutung zu unterlegen, ist allgegenwärtig. Ein gutes Beispiel dafür ist die ›Tendenz zum Mittelwert‹ (auf einen Extremwert aus einer beliebigen Menge, deren Werte sich um den Durchschnitt bewegen, folgt ein Wert, der näher am Durchschnitt oder Mittelwert liegt). Von hochintelligenten Menschen könnte man erwarten, daß sie intelligente Nachkommen haben, aber im allgemeinen sind die Kinder nicht so intelligent wie ihre Eltern. Eine ähnliche Tendenz in Richtung auf den Durchschnitt oder Mittelwert gilt für die Kinder sehr kleinwüchsiger Eltern, die in der Regel ebenfalls klein sind, aber nicht so klein wie ihre Eltern. Wenn ich zwanzigmal mit Wurfpfeilen auf eine Scheibe werfe und es mir dabei gelingt, achtzehnmal ins Schwarze zu treffen, werde ich bei den nächsten zwanzig Würfen wahrscheinlich nicht mehr so viel Glück haben.

Dieses Phänomen führt oft zu unsinnigen Erklärungen, da manche Leute die Tendenz zum Mittelmaß einem besonderen wissenschaftlichen Gesetz zuordnen wollen und nicht sehen, daß es sich dabei um ein ganz natürliches Phänomen handelt. Man kann diesen Mechanismus bei jeder beliebigen Menge beobachten. Wenn ein angehender Pilot eine sehr gute Landung zustande bringt, ist seine nächste Landung mit großer Wahrscheinlichkeit nicht so eindrucksvoll. Wenn aber seine letzte Landung ziemlich holprig war, dann wird – wenn der Zufall es so will – die nächste wahrscheinlich besser ausfallen. Die Psychologen Amos Tversky und Daniel Kahneman untersuchten eine solche Situation, in der die Piloten nach guten Landungen gelobt und nach holprigen getadelt wurden. Die Fluglehrer führten fälschlicherweise die schlechten Landungen der Piloten auf ihr Lob und die Verbesserung der Leistung auf ihre Kritik zurück; dabei hatte doch nur eine simple Regression zu einer mittelguten Leistung stattgefunden, die am wahrscheinlichsten ist. Weil dieser Vorgang ganz allgemeiner Natur ist, schreiben Tversky und Kahneman, daß sich »das Verhalten nach einer Bestrafung wahrscheinlich bessert und nach einer Belohnung wahrscheinlich verschlechtert. Daraus folgt, daß die Verfassung des Menschen so beschaffen ist, daß . . . man meistens belohnt wird, wenn man andere bestraft, und meistens bestraft wird, wenn man andere belohnt«. Ich will nicht hoffen, daß dies wirklich die ›Verfassung des Menschen‹ ist, und davon ausgehen, daß es sich um eine heilbare Form von mathematischem Analphabetentum handelt.

Die Fortsetzung eines erfolgreichen Kinofilms ist gewöhnlich nicht so gut wie der ursprüngliche Streifen. Der Grund dafür liegt vielleicht nicht darin, daß die Filmindustrie die Popularität des ersten Films finanziell ausschlachten will, sondern einfach in der Rückkehr zum Mittelmaß. Hat ein Baseballspieler auf dem Höhepunkt seiner Laufbahn eine gute Saison, so wird wahrscheinlich die nächste Saison nicht so erfolgreich ausfallen. Ebenso verhält es sich mit dem Roman, der auf einen Bestseller folgt, mit dem Album, das nach der Goldenen Schallplatte herauskommt, oder mit dem sprichwörtlichen Pech im zweiten Studienjahr. Die Tendenz zum Mittelmaß ist ein weitverbreitetes Phänomen. Beispiele dafür kann man überall entdecken. Wie aber bereits im 2. Kapitel ausgeführt wurde, sollte diese Tendenz sorgfältig von der Unlogik des Glücksspiels unterschieden werden.

Obgleich zufällige Schwankungen eine sehr große Rolle bei den Aktienkursen spielen, ist der Preis einer Aktie nicht nur ein Spiel des Zufalls. Hier stehen sich nicht nur eine konstante Wahrscheinlichkeit (W), daß der Kurs steigt, und eine komplementäre Wahrscheinlichkeit (1−W), daß er fällt, gegenüber; die weitere Entwicklung ist nicht unabhängig von den vorausgegangenen Kursbewegungen. Die sogenannte Fundamentalanalyse, die die ökonomischen Faktoren untersucht, denen der Kurswert unterliegt, hat eine gewisse Berechtigung. Mit Hilfe einer groben ökonomischen Schätzung des Börsenwertes kann die Tendenz zum Mittelwert manchmal als eine Art antizyklische Strategie angewandt werden. Kaufen Sie also lieber Aktien, deren Kurse in den letzten Jahren relativ niedrig lagen, weil sich diese mit größerer Wahrscheinlichkeit auf den Mittelwert einpendeln und im Kurs steigen werden. Dagegen werden Aktien, die im Kurs höher liegen mit hoher Wahrscheinlichkeit auf ihren Mittelwert zurückfallen und im Kurs sinken. Eine Anzahl von Untersuchungen bestätigt diese schematische Strategie.

Judy ist dreiunddreißig Jahre alt, unverheiratet und ziemlich durchsetzungsfähig. Ihr Hauptfachstudium in Politischer Wissenschaft beendete sie mit der Promotion magna cum laude. Während des Studiums beteiligte sie sich engagiert an den sozialen Belangen innerhalb der Universität, besonders an der Anti-Diskriminierungs- und an der Anti-Atomkraftbewegung. Welche Aussage ist wahrscheinlicher?

(a) Judy arbeitet als Kassiererin in einer Bank.

(b) Judy arbeitet als Kassiererin in einer Bank und ist in der Frauenbewegung aktiv.

Die Antwort, die einige überraschen mag, lautet: *(a)* ist wahrscheinlicher als *(b)*, weil eine einzelne Aussage immer wahrscheinlicher ist als die Verbindung zweier Aussagen. Daß ich Kopf erhalte, wenn ich eine Münze werfe, ist wahrscheinlicher, als daß ich Kopf erhalte und gleichzeitig mit dem Würfel eine Sechs erziele. Wenn wir keinen direkten Beweis für die Richtigkeit einer Geschichte haben und auch keine theoretische Bestätigung, dann stehen Detailtreue und Lebendigkeit im entgegengesetzten Verhältnis zur Wahrscheinlichkeit; je mehr lebendige Details eine Geschichte hat, um so weniger ist es wahrscheinlich, daß die Geschichte der Wahrheit entspricht.

Auf Judy und ihren Job bei der Bank bezogen, bedeutet das folgendes: Es ist psychologisch verständlich, daß die einleitende Beschreibung die Leute veranlaßt, die Verbindung von zwei Aussagen bei *(b)* (›Sie arbeitet als Kassiererin in einer Bank und ist in der Frauenbewegung aktiv‹) mit der bedingten Aussage (›Wenn sie Bankkassiererin ist, ist sie wahrscheinlich auch in der Frauenbewegung aktiv‹) zu verwechseln, wodurch die zweite Aussage wahrscheinlicher scheint als Alternative *(a)*. Aber natürlich ist es nicht das, was in *(b)* gesagt wird.

Die Psychologen Tversky und Kahneman sehen die Verlockung, Antwort *(b)* zu wählen, in der Art und Weise begründet, in der Menschen in alltäglichen Situationen etwas als wahrscheinlich beurteilen. Anstatt zu versuchen, ein gegebenes Ereignis nach allen seinen möglichen Folgerungen zu durchdenken und dann diejenigen Folgerungen aufzulisten, die in Frage kommen, schaffen sich die Leute ein gedankliches Modell, das der Situation entspricht – in diesem Fall das Bild einer Person, die ähnlich wie Judy ist, und ziehen ihre Schlüsse, indem sie die Situation mit ihrem Modell vergleichen. Folglich meinen viele Leute, daß die Antwort *(b)* jemandem mit Judys Hintergrund viel besser entspricht als die Antwort *(a)*.

Bei vielen der in diesem Buch angeführten Beispiele versagen Intuition und gesunder Menschenverstand. Psychische Täuschungen wie die eben beschriebenen machen selbst aus mathematisch gebildeten Menschen zeitweilig mathematische Analphabeten. In ihrem faszinierenden Buch *Judgement under Uncertainty* beschreiben Tversky und Kahneman das ganze Spektrum irrationalen mathematischen Analphabetentums, das so viele unserer überaus wichtigen Entscheidungen prägt. Sie stellten zum Beispiel folgende Frage: Stellen Sie sich vor, Sie seien ein General, der von einer erdrückenden feindlichen Übermacht eingeschlossen ist. Die Feinde werden Ihre 600 Mann zählende Armee vollständig vernichten, wenn Sie nicht einen von zwei möglichen Fluchtwegen wählen. Ihr Offizier für Feindaufklärung erläutert Ihnen, daß Sie auf dem einen Fluchtweg 200 Soldaten retten werden, während bei dem anderen Fluchtweg die Wahrscheinlichkeit bei 1/3 liegt, daß alle 600 überleben, und bei 2/3, daß keiner durchkommt. Welchen Weg schlagen Sie ein?

Die meisten Leute (drei von vier) wählen den ersten Weg, da auf diese Weise 200 Leben mit Sicherheit gerettet werden, während beim zweiten Weg die Wahrscheinlichkeit 2/3 beträgt, daß es noch mehr Tote gibt.

So weit, so gut. Wie aber würden Sie in dem folgenden Fall entscheiden? Wieder sind Sie ein General und stehen vor der schwerwiegenden Entscheidung zwischen zwei Fluchtwegen. Wenn Sie den ersten Weg wählen, sagt man Ihnen, werden 400 Soldaten sterben. Schlagen Sie den zweiten Weg ein, ist die Wahrscheinlichkeit 1/3, daß keiner Ihrer Soldaten umkommt, und 2/3, daß alle 600 sterben werden. Welchen Weg wählen Sie?

Die meisten Leute (vier von fünf), die vor dieser Wahl stehen, entscheiden sich für den zweiten Weg, und zwar mit der Begründung, daß der erste Weg für 400 den sicheren Tod bedeutet, während beim zweiten Weg wenigstens eine Wahrscheinlichkeit von 1/3 besteht, daß alle heil aus der Sache herauskommen.

Die beiden Fragen sind natürlich miteinander identisch, und die unterschiedlichen Antworten ergeben sich daraus, wie die Frage formuliert wird: ob nämlich von sicherem Tod oder von wahrscheinlichem Überleben die Rede ist.

Ein weiteres Beispiel von Tversky und Kahneman: Angenommen, Sie haben die sichere Chance, 30 000 Dollar zu gewinnen, oder die 80prozentige Chance, 40 000 Dollar zu gewinnen, wobei die 20prozentige Chance besteht, daß Sie gar nichts gewinnen. Die meisten Leute nehmen die 30 000 Dollar, obwohl der durchschnittlich zu erwartende Gewinn bei der zweiten Alternative 32 000 Dollar (40 000 × 0,8) beträgt. Was aber, wenn zu wählen ist zwischen dem sicheren Verlust von 30 000 Dollar und einer 80prozentigen Chance, 40 000 Dollar zu verlieren, wobei also die 20prozentige Chance besteht, nichts zu verlieren? In diesem Fall wählen die meisten Leute die Möglichkeit, 40 000 Dollar zu verlieren, um überhaupt eine Chance zu haben, nichts zu verlieren, obgleich der durchschnittlich zu erwartende Verlust bei der zweiten Alternative 32 000 Dollar (40 000 × 0,8) beträgt. Tversky und Kahneman schließen daraus, daß Menschen dazu neigen, Risiken aus dem Weg zu gehen, wenn sichere Gewinne lokken, aber das Risiko suchen, um Verluste zu vermeiden.

Natürlich müßte man nicht auf solch schlaue Beispiele zurückgreifen, um zu erkennen, daß es für die Beantwortung einer Frage eine große Rolle spielt, wie diese Frage verpackt ist. Wenn Sie einen ganz gewöhnlichen Steuerzahler fragen, was er von einer sechsprozentigen Erhöhung des Stromtarifs hält, wird er sich wahrscheinlich einverstanden zeigen. Wenn Sie ihn aber fragen, was er von einer Erhöhung des Strompreises um 91 Millionen Dollar hält, wird er wahrscheinlich dagegen sein. Wenn man jemandem sagt, daß er im mittleren Drittel seiner sozialen Schicht angesiedelt sei, wird er sicherlich zufriedener sein, als wenn man ihm eröffnet, daß er prozentual an 37. Stelle steht (besser als 37 Prozent der vergleichbaren Personen).

Die Angst vor der Mathematik

Noch häufiger als solche psychischen Täuschungen ist das, was Sheila Tobias die ›Angst vor der Mathematik‹ nennt, die Ursache für mathematisches Analphabetentum. In *Overcoming Math Anxiety* beschreibt sie, welche Hemmungen viele Menschen (besonders Frauen) gegen jede Form der Mathematik, sogar gegen Arithmetik, haben. Die gleichen Leute, die in einem Gespräch die feinsten Gefühlsregungen wahrnehmen, in der Literatur die verwickeltsten Handlungsstränge nachvollziehen können und in einem Rechtsstreit die kniffligsten Aspekte durchschauen, scheinen nicht in der Lage zu sein, die grundlegenden Elemente eines mathematischen Beweises zu begreifen.

Sie scheinen weder über ein mathematisches Grundgerüst zu verfügen, auf das sie sich beziehen könnten, noch über ein gewisses Basisverständnis, auf das sich aufbauen ließe. Sie haben einfach Angst. Sie sind von schulmeisterlichen und zuweilen auch sexistischen Lehrern und anderen ›Autoritäten‹ eingeschüchtert worden, die vielleicht selbst vor der Mathematik Angst hatten. Die berüchtigten Mathematikaufgaben, die in Sätzen formuliert sind, versetzen sie in Angst und Schrecken. Sie sind der Meinung, daß es eben mathematisch begabte und mathematisch unbegabte Menschen gibt, und daß die ersteren immer eine Antwort parat haben und die letzteren eben hilflos und hoffnungslos sind.

Es überrascht nicht, daß solche Gefühle eine riesige Barriere darstellen. Es gibt aber für alle, die darunter leiden, Möglichkeiten, solche Barrieren abzubauen. Eine einfache Methode, die erstaunlich gut funktioniert, ist, das Problem in klaren Worten jemand anderem zu erklären; wenn der andere bereit ist, in aller Ruhe zuzuhören, denkt er oder sie vielleicht auch lange genug über das Problem nach und erkennt, daß eine intensivere Beschäftigung mit der Sache zum Erfolg führen kann. Weitere Methoden sind: kleinere Zahlen zu verwenden; verwandte, aber leichter zu lösende Probleme oder auch verwandte, aber allgemeinere Probleme zu untersuchen; Informationen zusammenzutragen, die das Problem betreffen; von der Lösung auszugehen, also von hinten anzufangen; Schaubilder und Diagramme einzusetzen; das Problem oder Teile des Problems mit Problemen zu vergleichen, die der Betreffende versteht; und das Wichtigste von allem: so viele verschiedene Probleme und Beispiele durchzuarbeiten wie möglich. Die Binsenweisheit, daß man das Lesen durch Lesen lernt und das Schreiben durch Schreiben, gilt auch für das Lösen mathematischer Probleme (und sogar für das Entwerfen mathematischer Beweise).

Während ich dieses Buch schreibe, wird mir immer klarer, auf welche Weise ich (und wahrscheinlich die Mathematiker im allgemeinen) unbeabsichtigt zum mathematischen Analphabetentum beitrage. Es fällt mir schwer, ausführlich alle nur denkbaren Aspekte zu behandeln. Meine mathematischen Kenntnisse wie auch meine persönliche Veranlagung verleiten mich dazu, nur die entscheidenden Punkte darzustellen und nicht näher auf Themen am Rande oder auf Zusammenhänge oder biographische Details einzugehen (fast hätte ich geschrieben ›abzuschweifen‹). Heraus kommen dabei reine Erklärungsmuster, die vielleicht all jene einschüchtern, die einen etwas gemächlicheren Zugang zum Thema erwartet hatten. Wenn man über Mathematik schreibt, muß das aber für eine Vielzahl ganz unterschiedlicher Leute verständlich sein. Die Mathematik ist zu wichtig, um sie den Mathematikern zu überlassen.

Etwas ganz anderes und ein viel schwerer zu lösendes Problem als die Angst vor der Mathematik ist die extreme geistige Stumpfheit, die eine kleine, aber wachsende Zahl von Studenten an den Tag legt. Ihnen mangelt es so sehr an geistiger Disziplin oder Motivation, daß nichts, aber auch gar nichts zu ihnen durchdringen kann. Menschen, die an der Angst vor der Mathematik leiden, kann man Möglichkeiten zeigen, wie sie ihre Furcht überwinden, aber was soll man mit Studenten anfangen, die nicht die geringste Energie aufbringen wollen, sich mit intellektuellen Fragen zu beschäftigen? Man kann es wieder und wieder sagen: »Die Antwort lautet nicht ›x‹, sondern ›y‹. Sie haben dies und das nicht berücksichtigt.« Und die Reaktion darauf ist verständnisloses Staunen oder ein lustloses: »Ach so.« Diese Motivationsprobleme sind wesentlich schwerwiegender als die Angst vor der Mathematik.

Romantische Fehldeutungen

Romantische Fehldeutungen über das Wesen der Mathematik schaffen eine intellektuelle Atmosphäre, die eine kümmerliche mathematische Ausbildung und eine psychische Abneigung gegenüber diesem Fach begünstigt, wenn nicht gar fördert; solche Fehldeutungen sind oft die Ursache für mathematisches Analphabetentum. Rousseaus abschätzige Charakterisierung der Engländer als eines ›Volkes von Krämern‹ lebt offensichtlich weiter: Viele Menschen glauben, daß die Beschäftigung mit Zahlen und Ziffern taub macht gegenüber großen Fragen und der Erhabenheit der Natur. Die Mathematik wird oft als mechanischer Vorgang angesehen, als Arbeit von subalternen Technikern, die dem Rest der Menschheit jene Dinge erläutern, die man unbedingt wissen muß. Andere wiederum sagen der Mathematik nach, daß sie irgendwie auf zwingende Weise unser aller Zukunft bestimme. Einstellungen wie diese machen sicherlich anfällig für mathematisches Analphabetentum. Wir wollen einige davon genauer betrachten.

Mathematik wird als etwas Kaltes angesehen, weil sie sich mit abstrakten Dingen beschäftigt und nicht mit Gegenständen aus Fleisch und Blut. In einem gewissen Sinne stimmt dies natürlich. Sogar Bertrand Russell nannte die Schönheit der reinen Mathematik ›kalt und finster‹, und es ist gerade diese kalte und finstere Schönheit, derentwegen sich Mathematiker diesem Fach zuwenden. Denn die meisten von ihnen sind ihrem Wesen nach Platoniker und betrachten die Mathematik als eine abstrakte, ideale Wirklichkeit.

Doch die reine Mathematik ist nur die eine Seite dieser Wissenschaft. Daneben aber gibt es schließlich auch noch das Zusammenspiel zwischen diesen idealen, platonischen Formen und ihrer möglichen Interpretation in der wirklichen Welt. So betrachtet ist die Mathematik nicht kalt. Halten Sie sich vor Augen, daß selbst eine so einfache mathematische Operation wie ›1 + 1 = 2‹, wenn sie ohne Überlegung durchgeführt wird, völlig falsch verstanden werden kann: Wenn man 1 Tasse Popcorn mit 1 Tasse Wasser mischt, erhält man eben nicht zwei Tassen matschiges Popcorn. In so banalen wie auch in schwierigen Fällen kann die mathematische Auslegung zu einer äußerst kniffligen Angelegenheit werden, die ebensoviel menschliche Wärme und Einfühlungsvermögen verlangt wie jede andere Tätigkeit.

Sogar die Mathematik in ihrer reinsten und kältesten Form zeitigt oft Ergebnisse, die ziemlich heiß sind. Wie andere Wissenschaftler auch werden die Mathematiker von vielfältigen Gefühlen angetrieben, darunter auch von einem gesunden Quantum Neid, Arroganz und Konkurrenzdenken. Mathematiker, die in der Forschung arbeiten, gehen ihre Probleme mit einer Energie und Zwanghaftigkeit an, die der ›Reinheit‹ ihres Forschungsgegenstandes zu entsprechen scheint. Ein starker Anflug von Romantik ist den Mathematikern zu eigen, was sich am deutlichsten in den grundlegendsten Bereichen der Mathematik niederschlägt – in der Zahlentheorie und in der Logik. Dieser Anflug von Romantik reicht mindestens zurück bis zum mystischen Pythagoras, der glaubte, der Schlüssel zum Verständnis der Welt liege im Verständnis der Zahlen. Das romantische Denken fand auch Ausdruck in der Zahlenmystik und in der Kabbala des Mittelalters und lebt (in einer nichtabergläubischen Form) fort im Platonismus des zeitgenössischen Logikers Kurt Gödel und anderer. Dieser Hang zur Romantik ist eine feste Größe im Gefühlshaushalt der meisten Mathematiker, was vielleicht all jene überraschen mag, die annehmen, Mathematiker seien kalte Rationalisten.

Ein anderes weitverbreitetes Mißverständnis ist, daß Zahlen alles ›unpersönlich‹ werden lassen oder der Individualität Schaden zufügen. Natürlich ist Besorgnis berechtigt, wenn komplizierte Phänomene auf einfache numerische Skalen oder auf statistische Ziffern reduziert werden. Gedrechselte mathematische Ausdrücke und endlose Bogen mit statistischen Korrelationen und Computerausdrucken besitzen nur einen begrenzten Erkenntniswert – was immer auch Sozialwissenschaftler behaupten mögen. Ein vielschichtiges, intelligentes Wesen oder meinetwegen auch die Ökonomie auf die Zahlen einer Skala zu reduzieren – mag sich das Ergebnis nun Intelligenzquotient oder Bruttosozialprodukt nennen –, ist bestenfalls kurzsichtig und oftmals einfach nur lächerlich.

Andererseits sind die Einwände dagegen, daß man für bestimmte Zwecke anhand einer Zahl identifiziert wird (Sozialversicherung, Kreditkarten usw.), völlig unsinnig. Man könnte sogar einwenden, daß die Zahl die Individualität hervorhebt: Schließlich gibt es keine zwei Menschen, auf deren Kreditkarte dieselbe Nummer steht, wohingegen viele einen ähnlichen Namen tragen, ähnliche Persönlichkeitsmerkmale aufweisen oder ein ähnliches sozioökonomisches Profil besitzen. (Ich persönlich benutze meinen Mutternamen – John *Allen* Paulos –, damit die Massen mich nicht mit dem Papst verwechseln.)*

Mich amüsiert es immer wieder, wenn Banken mit dem Slogan werben, sie würden ihre Kunden persönlich und individuell betreuen, und diese Kundenbetreuung sich dann darin erschöpft, daß ein mangelhaft ausgebildeter und schlecht bezahlter Kassierer ›guten Morgen‹ sagt und dann prompt die Überweisung falsch ausfüllt. Da gehe ich schon lieber an eine Maschine, die mich anhand eines Codeworts identifiziert und bei der ich

* Im Deutschen nicht nachbildbares Wortspiel: Papst Johannes Paulus II. heißt im Englischen John Paul II., was leicht mit ›John Paulos‹ verwechselt werden kann (Anm. d. Übers.)

weiß, daß sie das Werk der monatelangen Arbeit von Software-Spezialisten ist.

Ein Einwand, den ich tatsächlich gegen die Identifizierung von Personen mittels Zahlen habe, ist deren übertriebene Länge. Eine Überprüfung anhand der Multiplikationsregel ergibt, daß eine neunstellige Zahl oder eine Abfolge von sechs Buchstaben mehr als genug ist, um jede Person in den Vereinigten Staaten zu identifizieren (10^9 ist eine Milliarde, während 26^6 mehr als 300 Millionen sind). Warum nur halten es Kaufhäuser oder die städtischen Wasserwerke für nötig, Kundennummern mit zwanzig und mehr Zahlen auszugeben?

Während ich hier über das Problem von Zahlen und Individualität schreibe, kommen mir die Firmen in den Sinn, die behaupten, sie würden aus jedem, der ihnen eine Gebühr von 35 Dollar zahlt, eine berühmte Persönlichkeit machen. Um diesen Firmen einen offiziösen Anstrich zu geben, werden die Namen in Büchern aufgelistet, die in der Library of Congress* zu finden sind. Diese Firmen werben im allgemeinen in der Zeit um den Valentinstag, und nach ihrer Langlebigkeit zu urteilen, scheinen sie kein schlechtes Geschäft zu machen. Ich habe eine ähnliche und ebenso unsinnige Idee: Jedem, der mir eine Gebühr von 35 Dollar überweist, würde ich ›offiziell‹ eine bestimmte Personenkennziffer ausstellen. Die Überweiser würden ein Zertifikat erhalten und ein Buch, in dem ihr Name und ihre ganz persönliche Nummer verzeichnet wären und das in der Library of Congress stünde. Die Tarife würden gestaffelt sein, bestimmte runde Zahlen würden natürlich mehr kosten, ebenso Primzahlen, die weitaus attraktiver wären als die unvollkommenen zusammengesetzten Zahlen. Auf diese Weise würde ich bestimmt reich werden – mit dem Verkauf von Nummern!

* Größte US-amerikanische Bibliothek (Anm. d. Übers.)

Ein weiteres Mißverständnis, das die Leute gegenüber der Mathematik hegen, besteht darin, daß sie meinen, die Mathematik würde die Freiheit des Menschen einschränken. Wenn solche Leute bestimmte Sachverhalte akzeptieren und man ihnen dann zeigt, daß sich daraus unerfreuliche Schlußfolgerungen ziehen lassen, machen sie die angewandte Methode für die unbefriedigenden Resultate verantwortlich.

In diesem sehr begrenzten Sinne wirkt die Mathematik natürlich *als Zwang* – wie übrigens alles, was real ist. Sie besitzt jedoch keine unabhängige Kraft, etwas zu erzwingen. Wenn man die Prämissen und Definitionen akzeptiert, muß man natürlich auch die Schlußfolgerungen akzeptieren. Man kann aber häufig bestimmte Prämissen ablehnen oder eine Definition umformulieren oder einen anderen mathematischen Zugang zu einem Problem wählen. In dieser Hinsicht ist die Mathematik das genaue Gegenteil jeglichen Zwanges.

Das folgende Beispiel illustriert, wie wir die Mathematik nutzen können, ohne daß sie uns einengt: Zwei Leute werfen um Geld eine Münze. Sie verständigen sich darauf, daß derjenige, der als erster sechsmal gewonnen hat, 100 Dollar erhalten soll. Das Spiel wird jedoch nach acht Würfen unterbrochen, wobei der eine Spieler mit 5 zu 3 führt. Die Frage lautet: Wie soll der Einsatz geteilt werden? Man könnte nun dafür plädieren, daß der erste Spieler die vollen 100 Dollar erhalten soll, weil als Abmachung ›alles oder nichts‹ galt und er schließlich in Führung lag. Aber man könnte auch sagen, daß der erste Spieler 5/8 des Einsatzes erhalten soll und der andere die verbleibenden 3/8, weil es beim Abbruch des Spiels 5 zu 3 stand. Andererseits könnte man auch argumentieren, die Wahrscheinlichkeit, daß der erste Spieler gewinnen würde, liege bei 7/8 – denn die einzige Möglichkeit, daß der zweite Spieler noch hätte gewinnen können, wären drei richtige Würfe in Folge gewesen, ein Kunststück von einer Wahrscheinlichkeit von $1/8 = 1/2 \times 1/2 \times 1/2$. Daher solle der erste Spieler $7/8$ und der zweite $1/8$ des Einsatzes erhalten. (So lautete übrigens die Lösung von Pascal für diese Frage, die eines der ersten Probleme der Wahrscheinlichkeitstheorie war.) Es gibt aber auch noch andere vernünftige Argumente, wie man das Geld aufteilen könnte.

Der springende Punkt ist, daß die Kriterien dafür, welche Methode der Aufteilung man wählt, nicht mathematischer Natur sind. Die Mathematik kann uns dabei helfen, die Folgerungen aus unseren Annahmen und Werturteilen zu ziehen; stets aber sind wir – und nicht irgendeine mathematische Gottheit – die Schöpfer dieser Annahmen und Werturteile.

Trotzdem halten viele Menschen die Mathematik für eine geistlose Angelegenheit. Viele Leute meinen, um die Richtigkeit einer mathematischen Aussage zu überprüfen, müsse man nur rein mechanisch einen bestimmten Algorithmus oder eine Formel abfragen, um so schließlich eine Ja- oder Nein-Antwort zu erhalten. Und viele glauben auch, jede mathematische Aussage sei entweder beweisbar oder unbeweisbar. Wer die Mathematik so verkürzt sieht, der hält sie natürlich für beschränkt und blutleer und meint, daß man sie bereits beherrsche, wenn man die entsprechenden Algorithmen kenne und über eine grenzenlose Geduld verfüge.

Der österreichisch-amerikanische Logiker Kurt Gödel hat auf brillante Weise eine solch vereinfachende Anschauung widerlegt, indem er bewies, daß jedes mathematische System, so hochentwickelt es auch sein mag, mit Notwendigkeit Aussagen trifft, die innerhalb des Systems weder bewiesen noch widerlegt werden können. Dies und andere Forschungsergebnisse der Logiker Alonzo Church, Alan Turing und anderer haben unser Verständnis der Mathematik und ihrer Grenzen erweitert. In unserem Zusammenhang genügt es, festzuhalten, daß die Mathematik nicht einmal auf theoretischer Ebene ein mechanisches oder völlig in sich geschlossenes System darstellt.

Der Irrglaube, Mathematik sei ihrem Wesen nach etwas Mechanisches, stützt sich auf wesentlich prosaischere Argumente. Die Mathematik wird häufig als ein Fach für Techniker angesehen, das heißt, mathematische Begabung wird mit einstudierten Fertigkeiten wie elementaren Kenntnissen des Programmierens oder Schnelligkeit im Rechnen verwechselt. Manche Leute neigen auch dazu, die Mathematiker und Wissenschaftler in den Himmel zu loben und sie gleichzeitig als praxisferne Schreibtischgelehrte abzutun. Folglich passiert es häufig, daß die Industrie hochrangige Mathematiker, Ingenieure und andere Wissenschaftler zuerst heftig umwirbt und sie dann frischgebackenen Betriebswirten und Buchhaltern unterstellt.

Ein weiteres Vorurteil, das die Leute gegenüber der Mathematik hegen, ist, daß durch das Studium der Mathematik das Empfinden gegenüber der Natur und das Gefühl für ›große‹ Fragen beeinträchtigt werde. Da eine solche Ansicht zwar häufig geäußert (zum Beispiel von Walt Whitman am Anfang des Kapitels), aber nur selten begründet wird, ist es schwierig, sie zu widerlegen. Eine solche Ansicht ist ungefähr so sinnvoll wie die Annahme, daß das Verständnis der Molekularbiologie einen Menschen unempfänglich werden läßt für das Geheimnis und die Vielfältigkeit des Lebens. Häufig ist dieser Hinweis auf die ›großen‹ Fragen einfach ein Ausdruck für Wissenschaftsfeindlichkeit, und er wird oft von Leuten vorgebracht, denen das Vage und Geheimnisvolle lieber ist als (Teil-)Antworten. Es ist zuweilen sicherlich notwendig, sich mit dem Vagen und Unbestimmten auseinanderzusetzen, und an Geheimnissen hat es auch keinen Mangel, aber ich meine, daß man aus der Beschäftigung mit solchen Fragen keinen Kult zu machen braucht. Die Wissenschaft und die Präzision der Mathematik sind faszinierender als die ›Tatsachen‹, von denen man in den Werbeblättern der Supermärkte lesen kann, oder als ein romantisch verklärter mathematischer Analphabetismus, der die Leichtgläubigkeit fördert, die gesunde Skepsis hemmt und dem Menschen die Sensibilität für wirkliche Unwägbarkeiten nimmt.

Einschub: ein logarithmischer Sicherheitsindex

Vor einigen Jahren begannen die Supermärkte damit, die Waren mit dem Preis pro Menge auszuzeichnen (Cents pro Pfund usw.). Damit wollten sie den Kunden einen einheitlichen Maßstab an die Hand geben, mit dessen Hilfe sie leichter Preisvergleiche anstellen konnten. Wenn der Preis für Hundefutter und Backteig vernünftig angegeben werden kann, sollte es doch auch möglich sein, eine Art ›Sicherheitsindex‹ aufzustellen, der uns erlauben würde, einzuschätzen, wie gefährlich bestimmte Aktivitäten, Tätigkeiten und Krankheiten sind. Was ich vorschlage, ist eine Art Richter-Skala, die die Medien als Bewertungsgrundlage verwenden könnten, um den Grad verschiedener Risiken zu bestimmen.

Wie die Richter-Skala würde der vorgeschlagene Index logarithmisch sein – also schiebe ich an dieser Stelle einen kurzen Exkurs ein, um den mathematischen Analphabeten den Logarithmus, jenes fürchterliche Monster der Schul-Algebra, zu erläutern. Der Logarithmus einer Zahl ist – vereinfacht ausgedrückt – die Potenz, mit der 10 multipliziert werden muß, damit man die betreffende Zahl erhält. Der Logarithmus von 100 ist 2, weil $10^2 = 100$ ist; der Logarithmus von 1000 ist 3, weil $10^3 = 1000$ ist; und der Logarithmus von 10 000 ist 4, weil $10^4 = 10\,000$ ist. Für Zahlen zwischen den Potenzen von 10 liegt der Logarithmus zwischen den beiden nächstgelegenen Potenzen von 10. Ein Beispiel: Der Logarithmus von 700 liegt zwischen 2, dem Logarithmus von 100, und 3, dem Logarithmus von 1000; er beträgt ungefähr 2,8.

Der Sicherheitsindex würde folgendermaßen funktionieren: Nehmen wir irgendeine Aktivität, die eine bestimmte Anzahl von Todesfällen pro Jahr zur Folge hat – also zum Beispiel das Autofahren. Einer von 5300 US-Bürgern stirbt jährlich an den Folgen eines Autounfalls. Der Sicherheitsindex für Autofahren liegt folglich relativ niedrig, bei 3,7, dem Logarithmus von 5300. Allgemeiner gesagt: Wenn eine Person aus einer Summe von insgesamt x Personen pro Jahr an den Folgen einer bestimmten Aktivität zu Tode kommt, ist der Sicherheitsindex einfach der Logarithmus von x. Je höher also der Sicherheitsindex, um so sicherer die betreffende Aktivität.

(Da die Leute und die Medien sich manchmal mehr für die Gefahren als für die Sicherheit interessieren, könnte ein alternatives Modell aufgestellt werden, das den Gefahrenindex (= −10 des Sicherheitsindexes) angibt. Eine 10 in einem solchen Gefahrenindex würde einer 0 im Sicherheitsindex entsprechen – also sicherer Tod. Ein niederer Gefahrenindex von 3 würde einem hohen Sicherheitsindex von 7 entsprechen – das heißt einem tödlichen Ausgang in 10^7 Fällen.)

Nach Angaben des *Center for Disease Control** führt in den Vereinigten Staaten das Rauchen in etwa 300 000 Fällen jährlich zu einem frühzeitigen Tod, das heißt, daß einer von 800 US-Bürgern jährlich an den Folgen einer Krankheit, die durch das Rauchen verursacht wird, stirbt. Der Logarithmus von 800 ist 2,9, und somit liegt der Sicherheitsindex für Rauchen sogar niedriger als der für Autofahren. Ein wenig anschaulicher wird diese Zahl

* US-amerikanische Bundesbehörde für die Bekämpfung von Seuchen und Epidemien (Anm. d. Übers.)

von vermeidbaren Todesfällen, wenn man sich verdeutlicht, daß Jahr für Jahr siebenmal so viele Menschen durch das Zigarettenrauchen umkommen, wie im gesamten Vietnam-Krieg getötet wurden.

Autofahren und Rauchen haben Sicherheitsindizes von 3,7 bzw. 2,9. Vergleichen wir einmal diese niederen Werte mit dem Sicherheitsindex des Risikos, gekidnappt zu werden. Man schätzt, daß jährlich weniger als 50 US-amerikanische Kinder von Verbrechern entführt werden; demnach liegt das Risiko, entführt zu werden, bei ungefähr eins zu 5 Millionen, was einen Sicherheitsindex von 6,7 ergibt. Vergessen Sie nicht: je größer die Zahl, um so geringer das Risiko. Wenn der Sicherheitsindex um eine Einheit steigt, vermindert sich das Risiko jeweils um den Faktor 10.

Der Wert eines solchen groben logarithmischen Sicherheitsindexes liegt darin, daß er uns – und besonders den Medien – einen Eindruck von der Größenordnung der Risiken vermittelt, die mit bestimmten Aktivitäten, Tätigkeiten und Krankheiten verbunden sind. Problematisch ist dabei allerdings, daß der Index nicht klar zwischen der Häufigkeit und der Wahrscheinlichkeit unterscheidet. Eine bestimmte Aktivität kann sehr gefährlich sein, zugleich aber sehr selten vorkommen; folglich müßte man von einer geringen Todesrate ausgehen und käme somit auf einen hohen Sicherheitsindex. Zum Beispiel kommen nur wenige Leute als Hochseilakrobaten, die zwischen Wolkenkratzern balancieren, zu Tode, dennoch ist diese Aktivität nicht gerade die sicherste.

Hier muß also eine Differenzierung vorgenommen werden. Gehen wir davon aus, daß nur solche Leute mit einberechnet werden, die vermutlich an der betreffenden Aktivität teilhaben. Wenn eine von x Personen aus dieser Gruppe infolge der Aktivität zu Tode kommt, wäre der Sicherheitsindex für diese Aktivität der Logarithmus von x. Auf dieser Basis läge der Sicherheitsindex für Hochseilakrobatik wahrscheinlich bei einem sehr niedrigen Wert von 2 (wenn man schätzt, daß je einer von 100 dieser tollkühnen Akrobaten nicht überlebt). Ebenso hätte das Russische Roulette (ein Revolver, sechs Kammern, eine Kugel) einen Sicherheitsindex von weniger als 1, schätzungsweise 0,8.

Aktivitäten und Krankheiten, deren Sicherheitsindizes höher sind als 6, kann man als ziemlich risikolos ansehen, da sie gleichbedeutend sind mit einem Tod in einer Million Fällen pro Jahr. Alle Unternehmungen mit einem Sicherheitsindex von weniger als 4 sollte man mit großer Vorsicht betreiben, da es gleichbedeutend ist mit mehr als einem Tod in 10 000 Fällen jährlich. Die Öffentlichkeit neigt dazu, solche Zahlen zu verdrängen, aber ähnlich wie die Warnung des Gesundheitsministers auf den Zigarettenpackungen würden die Indizes schließlich ins öffentliche Bewußtsein eindringen. Die Berichterstattung über Unglücke und Todesfälle würde nicht mehr so oft zu fälschlichen Schlußfolgerungen führen, wenn man immer den Sicherheitsindex zur Hand hätte. Jene vereinzelten schrecklichen Tragödien, die nur einige wenige Menschen betreffen, sollten uns nicht den Blick verstellen für die Tatsache, daß unzählbare ganz alltägliche Verrichtungen ein viel höheres Risiko in sich bergen.

Sehen wir uns noch einige Beispiele an. Wenn jede Woche 12 000 US-Bürger an Herz- und Kreislauferkrankungen sterben, so bedeutet das aufs Jahr gerechnet einen Toten unter 380, das heißt, der Sicherheitsindex liegt bei 2,6. (Wenn jemand Nichtraucher ist, liegt der Sicherheitsindex für Herz- und Kreislauferkrankungen beträchtlich höher, aber uns interessieren hier nur die ungefähren Werte.) Der Sicherheitsindex für Krebs ist noch ein wenig höher, nämlich bei 2,7. Eine Aktivität, die zu den Randbereichen zählt, ist das Fahrradfahren:

Einer von 96 000 US-Bürgern stirbt jährlich an den Folgen eines Fahrradunfalls, daher liegt der Sicherheitsindex bei etwa 5 (in Wirklichkeit sogar noch etwas darunter, da nur relativ wenige Leute Fahrrad fahren). Zur Kategorie der seltenen Ereignisse: Man schätzt, daß einer von 2 000 000 US-Bürgern durch Blitzschlag getötet wird, was einen Sicherheitsindex von 6,3 ergibt; und nur einer von 6 000 000 Amerikanern stirbt an den Folgen eines Bienenstichs, was einem Sicherheitsindex von 6,8 entspricht.

Der Sicherheitsindex verändert sich im Laufe der Zeit. So lag der Sicherheitsindex für das Risiko, an Grippe oder Lungenentzündung zu sterben, im Jahre 1900 bei etwa 2,7 und 1980 bei ungefähr 3,7. Im gleichen Zeitraum ging das Risiko, an Tuberkulose zu sterben, von 2,7 auf etwa 5,8 zurück. Es ist zu erwarten, daß die Indizes von Land zu Land unterschiedlich ausfallen – der Sicherheitsindex für Mord liegt in den Vereinigten Staaten ungefähr bei 4, in Großbritannien dagegen zwischen 6 und 7. Auf der anderen Seite ist der Index für Malaria in den meisten Ländern der Welt wesentlich niedriger als in den Vereinigten Staaten. Analog zu diesen Berechnungen kann man nachweisen, daß zum Beispiel der Index für Nuklearenergie relativ hoch liegt im Vergleich zu dem niedrigen Index für Kohleverstromung.

Ich bin fest davon überzeugt, daß die Einführung eines Statistik-Kommentators im Fernsehen, in den Nachrichtenmagazinen und den großen Zeitungen ein wirksamer Schritt im Kampf gegen das mathematische Analphabetentum sein könnte. Ein Statistik-Kommentator könnte die einzelnen Nachrichten überprüfen und alle statistischen Angaben kontrollieren, um festzustellen, ob sie zumindest in sich selbst stimmig sind, und die von vornherein unglaubwürdigen Behauptungen gründlich zu durchleuchten. Vielleicht ließe sich eine regelmäßige Kolumne einrichten, die jede Woche oder jeden

Monat über die schlimmsten Verstöße gegen die Regeln der Mathematik berichten könnte. Eine solche Kolumne müßte aber sehr unterhaltsam geschrieben sein, da zwar glücklicherweise eine große Zahl von Lesern auf äußerste sprachliche Genauigkeit achtet, aber nur relativ wenige sich für die oft noch wichtigere numerische Genauigkeit interessieren.

Diese Probleme sind nicht nur von akademischem Interesse. Von der Vorliebe der Massenmedien für dramatische Berichterstattung führt ein direkter Weg zu extremen Anschauungen und zur Pseudowissenschaft. Weil Politiker und Wissenschaftler aus Randbereichen auf viele Menschen faszinierender wirken als diejenigen, die sich in vertrauten Bahnen bewegen, schenkt man ihnen in der Öffentlichkeit überdurchschnittlich hohe Aufmerksamkeit. Daher werden sie für repräsentativer und typischer gehalten, als sie es in Wirklichkeit sind. Und weil Dinge, die man sich vorstellt, dazu tendieren, Wirklichkeit zu werden, könnte der Hang der Massenmedien, das Anomale herauszustellen, und die Vorliebe einer mathematisch ungebildeten Gesellschaft für solche Extreme zu unheilvollen Konsequenzen führen.

5. KAPITEL

Statistik, Kompromisse und die Gesellschaft

In Wisconsin gab es einst einen Abgeordneten, der sich gegen die Einführung der Sommerzeit stellte – ungeachtet aller guten Argumente, die für sie sprachen. Er verfocht die Ansicht, daß die Annahme jeder politischen Entscheidung immer auch auf Kompromissen beruhen würde. Falls die Sommerzeit eingeführt würde, müsse man immerhin damit rechnen, daß Vorhänge und andere Gegenstände aus Stoff schneller ausbleichen würden.

Siebenundsechzig Prozent der befragten Ärzte gaben X den Vorzug vor Y. (Jones ließ sich nicht überzeugen.)

Man schätzt, daß wegen des exponentiellen Wachstums der Weltbevölkerung zwischen zehn und zwanzig Prozent aller menschlichen Wesen, die jemals gelebt haben, in der heutigen Zeit leben. Würde das bedeuten, daß es nicht genügend statistisches Material gibt, um die Hypothese von der Unsterblichkeit verwerfen zu können?

Prioritäten – individuelle im Gegensatz zu sozialen

Dieses Kapitel konzentriert sich auf die nachteiligen sozialen Auswirkungen des mathematischen Analphabetentums, wobei der Schwerpunkt auf dem Konflikt zwischen der Gesellschaft und dem Individuum liegt. Die meisten der hier gewählten Beispiele beschäftigen sich damit, wie bei umstrittenen Angelegenheiten bestimmte Formen des Kompromisses oder des Ausgleichs wirksam werden. Diese Beispiele zeigen aber auch, welchen Anteil das mathematische Analphabetentum daran hat, daß solche Kompromisse fast nie sichtbar werden, oder daß man, wie im Fall des Abgeordneten aus Wisconsin, den Kompromiß an der falschen Stelle vermutet.

Lassen Sie uns einleitend eine sehr wichtige Besonderheit der Wahrscheinlichkeit betrachten, deren Entdeckung wir dem Statistiker Bradley Efron verdanken. Stellen Sie sich vier Würfel vor, A, B, C und D, die mit ungewöhnlichen Zahlen versehen worden sind: A hat die Vier auf vier Seiten und die Null auf zwei Seiten; B hat Dreien auf allen sechs Seiten; C hat vier Seiten mit Zweien und auf zwei Seiten eine Sechs; D hat auf drei Seiten eine Fünf und eine Eins auf den anderen drei Seiten.

Wenn mit Würfel A gegen Würfel B gespielt wird, weist in zwei Dritteln der Fälle Würfel A eine höhere Augenzahl auf; entsprechend gewinnt Würfel B gegen Würfel C in zwei Dritteln der Fälle; wenn mit Würfel C gegen Würfel D gespielt wird, gewinnt C zwei Drittel der Würfe; wenn jedoch Würfel D gegen Würfel A spielt – und das ist jetzt die Pointe –, dann gewinnt D zwei Drittel aller Spiele. A schlägt B, B schlägt C, C schlägt D, D schlägt A, und zwar alle in zwei Dritteln der Fälle. Wenn man dies weiß, kann man einen Gegenspieler seelenruhig einen Würfel wählen lassen, und dann selbst den Würfel nehmen, der den anderen in zwei Dritteln der Würfe schlägt. Wenn der oder die andere B wählt, nimmt man selbst A; wenn er oder sie A wählt, nimmt man D und so weiter.

Warum aber schlägt Würfel C Würfel D? Hier die Erklärung: In fünfzig Prozent der Würfe erscheint auf Würfel D eine Eins, wobei Würfel C selbstverständlich gewinnt. In der anderen Hälfte der Fälle erscheint auf Würfel D eine Fünf, so daß Würfel C ein Drittel dieser Würfe gewinnt. Da C also diese beiden Gewinnmöglichkeiten hat, schlägt er D genau in $1/2 + (1/2 \times 1/3) = 2/3$ aller Fälle. Entsprechend läßt sich erklären, daß Würfel D Würfel A bei zwei Dritteln der Würfe schlägt. Diese Art von nichttransitiver Funktion (X schlägt Y, Y schlägt Z, und Z schlägt W, aber W schlägt nichtdestoweniger X) liegt den meisten Wahlparadoxen zu Grunde. Vom Marquis de Condorcet im achtzehnten bis zu Kenneth Arrow im zwanzigsten Jahrhundert haben sich zahlreiche Wissenschaftler mit solchen Paradoxen beschaftigt.

Eine leichte Abwandlung von Condorcets ursprünglichem Beispiel wirft die Frage auf, ob soziale Irrationalität auf der Basis individueller Rationalität beruhen kann. Hierbei denken wir uns drei Kandidaten, die sich um ein öffentliches Amt bewerben und die ich in Erinnerung an die Vorwahlen der Demokraten im Jahr 1988 Dukakis, Gore und Jackson nennen will. Nehmen wir an, ein Drittel der Wählerschaft gibt Dukakis vor Gore und diesem vor Jackson den Vorzug, ein weiteres Drittel bevorzugt Gore gegenüber Jackson und diesen gegenüber Dukakis, und das letzte Drittel gibt Jackson vor Dukakis und diesem vor Gore den Vorzug. So weit, so gut.

Wenn wir nun jedoch die möglichen Zweikämpfe betrachten, stoßen wir auf ein Paradox. Dukakis prahlt damit, daß zwei Drittel der Wählerschaft ihm den Vorzug vor Gore geben, worauf Jackson erwidert, daß zwei Drittel der Wählerschaft ihn gegenüber Dukakis vorziehen. Schließlich meldet sich Gore zu Wort und kontert, daß zwei Drittel der Wähler ihm vor Jackson den Vorzug geben. Wenn gesellschaftliche Präferenzen durch das Mehrheitsprinzip bestimmt werden, bevorzugt die ›Gesellschaft‹ Dukakis vor Gore, Gore vor Jackson und Jackson vor Dukakis. Selbst wenn also Vorlieben des einzelnen Wählers rational bestimmt sind (das heißt transitiv: wenn ein Wähler den Kandidaten X dem Kandidaten Y vorzieht, und Y Z, dann zieht er X auch Z vor, dann folgt daraus nicht unbedingt, daß die gesellschaftlichen Präferenzen, die durch das Mehrheitsprinzip festgestellt werden, ebenfalls transitiv sein müssen.

Im wirklichen Leben sind die Dinge natürlich häufig noch wesentlich komplexer. So behauptete zum Beispiel Mort Sahl nach der Wahl von 1980, daß die Leute nicht so sehr für Reagan als vielmehr gegen Carter gestimmt hätten und daß Reagan verloren hätte, wenn er ohne Gegenspieler angetreten wäre.

Man sollte nicht zu dem falschen Eindruck gelangen, daß Condorcets Paradox und Sahls scherzhafte Feststellung gleichermaßen unrealistisch sind. Der Wirtschaftswissenschaftler Kenneth Arrow hat bewiesen, daß so eine Situation wie die oben dargestellte für jedes Wahlsystem charakteristisch ist. Vor allem aber konnte er nachweisen, daß es keine Möglichkeit gibt, gesellschaftliche Präferenzen aus individuellen Vorlieben abzuleiten, die mit absoluter Sicherheit folgenden vier Mindestanforderungen genügen: Die gesellschaftlichen Vorlieben müssen transitiv sein; die Präferenzen (individuelle wie gesellschaftliche) müssen sich auf zugängliche Alternativen beschränken; wenn jeder einzelne X vor Y den Vorzug gibt, dann muß auch die gesellschaftliche Präferenz X vor Y sein; die Vorlieben eines Individuums bestimmen nicht automatisch die Präferenzen der Gesellschaft.

Laissez-faire: Adam Smith oder Thomas Hobbes

Eine andere Art von Konflikt zwischen dem einzelnen und der Gesellschaft zeigt sich in dem Dilemma, das der Logiker Robert Wolf ersonnen hat und das mit dem bekannteren ›Prisoner's Dilemma‹* verwandt ist. Beide Beispiele machen deutlich, daß Handeln im eigenen

Interesse nicht unbedingt dem eigenen Interesse am besten dient.

Stellen Sie sich vor, Sie befinden sich zusammen mit zwanzig anderen Leuten, die Ihnen oberflächlich bekannt sind, in einem Raum, in den Sie von einem exzentrischen Philanthropen gebracht wurden. Keiner von Ihnen kann auf irgendeine Art mit den anderen in Kommunikation treten, und Sie alle werden vor die Wahl gestellt, einen kleinen Knopf, der vor Ihnen angebracht ist, entweder zu betätigen oder nicht.

Wenn keiner der Beteiligten den Knopf drückt bekommt jeder von dem Philanthropen 10 000 Dollar. Wenn jedoch nur einer von Ihnen den Knopf betätigt, bekommen derjenige oder diejenigen, die den Knopf gedrückt haben, 3000 Dollar, während die anderen leer ausgehen. Die Frage ist nun: Drücken Sie auf den Knopf, um die 3000 Dollar, die Ihnen dann sicher sind, zu bekommen, oder tun Sie es nicht in der Hoffnung, daß alle anderen Gruppenmitglieder dies ebenfalls unterlassen und jeder von Ihnen 10 000 Dollar bekommt?

Wie auch immer Ihre Entscheidung ausfallen mag; es gibt die Möglichkeit, die Summen oder die Anzahl der beteiligten Personen zu variieren, um Sie dazu zu veranlassen, daß Sie genau die entgegengesetzte Entscheidung treffen. Mag sein, Sie hätten sich unter den genannten Umständen entschieden, den Knopf zu drücken; doch Sie hätten sich wahrscheinlich umgekehrt entschieden, wenn Sie dann statt 10 000 100 000 Dollar bekommen würden (gegenüber 3000!) Und wenn Sie in der oben beschriebenen Situation nicht gedrückt hätten, so wäre Ihre Entscheidung wahrscheinlich doch anders ausgefallen, wenn Sie dann 10 000 Dollar erhalten würden und andernfalls nur 9500.

* Wörtlich: »Das Dilemma des Gefangenen«. In der psychologischen Forschung und Lehre ist international die englische Version gebräuchlich. (Anm. d. Übers.)

Es gibt noch andere Möglichkeiten, um die Einsätze, die auf dem Spiel stehen, zu erhöhen. Ersetzen wir doch den Philanthropen durch einen mächtigen Sadisten. Wenn kein Mitglied der Gruppe den Knopf betätigt, läßt er Sie alle unbehelligt wieder nach Hause gehen. Wenn aber doch jemand den Knopf drückt, werden diejenigen, die gedrückt haben, von dem Sadisten gezwungen, Russisches Roulette zu spielen (wobei sie eine fünfundneunzigprozentige Überlebenschance haben), während diejenigen, die den Knopf nicht bedient haben, auf der Stelle umgebracht werden. Würden Sie nun den Knopf drücken und damit in Kauf nehmen, daß die anderen ermordet würden, oder widerstehen Sie Ihrer Angst, drücken den Knopf nicht und hoffen, daß auch bei keinem von den anderen die Angst die Oberhand gewinnt?

Wolfs Dilemma entsteht häufig in Situationen, in denen wir befürchten, daß wir zu kurz kommen könnten, wenn wir nicht aufpassen.

Ein weiteres Beispiel: Zwei Frauen haben eine schnelle Transaktion vorzunehmen (nehmen wir an, sie seien Drogenhändlerinnen). Die beiden Frauen tauschen an einer Straßenecke braune Papiertüten aus und gehen schnell wieder weg, ohne den Inhalt der Tüte, die sie jeweils erhalten haben, zu überprüfen. Bevor sich die beiden treffen, hat jede von ihnen die gleiche Entscheidungsmöglichkeit: Sie kann in ihre Tüte den wertvollen Gegenstand legen, den die andere haben will (die kooperative Entscheidung), oder statt dessen nur Zeitungspapier hineinstopfen (die individualistische Entscheidung). Wenn die beiden Frauen miteinander kooperieren, bekommt jede von ihnen, was sie will, muß aber einen angemessenen Preis dafür bezahlen. Wenn nun A Zeitungspapier in ihre Tüte steckt und B nicht, bekommt A das, was sie will, ohne dafür etwa zu bezahlen, und B geht leer aus. Wenn beide ihre Tüten mit Zeitungspapier vollstopfen, bekommt keine das, was sie will, aber es ist auch keine die ›Lackierte‹.

Das Beste für beide Frauen ist, wenn sie zusammenarbeiten. Nun kann A jedoch folgende Überlegung anstellen: Wenn B die kooperative Entscheidung trifft, und ich die individualistische wähle, kann ich bekommen, was ich will, ohne dafür etwas zu bezahlen. Wählt andererseits B die individualistische Entscheidung, bin ich wenigstens nicht die Angeschmierte, wenn ich dasselbe tue. Also ist es für mich, ganz unabhängig davon, was B macht, in jedem Fall besser, wenn ich mich für die individualistische Alternative entscheide und ihr eine Tüte voll Zeitungspapier gebe. B kann natürlich auf die gleiche Weise argumentieren, und so ist es wahrscheinlich, daß sie schließlich beide wertlose, mit Zeitungspapier vollgestopfte Tüten austauschen.

Eine ähnliche Situation kann auch bei völlig rechtmäßigen Geschäftsabschlüssen entstehen, eigentlich sogar bei fast jeder Art von Tauschgeschäft.

Das ›Prisoner's Dilemma‹ verdankt seinen Namen einem Szenario, das im wesentlichen mit dem oben beschriebenen identisch ist. Zwei Männer, die beide eines schweren Verbrechens verdächtig sind, werden bei einer geringfügigen Gesetzesübertretung erwischt und festgenommen. Sie werden voneinander getrennt und verhört, und beide stellt man vor die Entscheidung, entweder das Verbrechen zu gestehen und den Partner mit hineinzuziehen oder nichts zu sagen. Verweigern beide die Aussage, kommen sie nur für ein Jahr ins Gefängnis. Gesteht der eine, während der andere schweigt, wird derjenige, der das Geständnis abgelegt hat, freigelassen, während der andere eine Gefängnisstrafe von fünf Jahren absitzen muß. Gestehen beide, stehen ihnen drei Jahre Gefängnis bevor. Die kooperative Entscheidung wäre, nichts zu sagen, während es der individualistischen entspräche, ein Geständnis abzulegen.

Das Dilemma ist auch hier wieder, daß das, was für beide Beteiligten am besten wäre, nämlich den Mund zu halten und ein Jahr im Gefängnis zu verbringen, für jeden auch die schlechteste Möglichkeit offenhält, nämlich zum Sündenbock gemacht zu werden und fünf Jahre im Gefängnis sitzen zu müssen. Es ist daher wahrscheinlich, daß beide gestehen und drei Jahre im Gefängnis zubringen müssen.

Dieses Dilemma liefert das logische Gerüst für viele Situationen, mit denen wir im täglichen Leben konfrontiert werden. Ob in der Geschäftswelt, in einer Ehe oder im Rüstungswettlauf der Supermächte – unsere Entscheidungsmöglichkeiten können häufig in den Denkkategorien des ›Prisoner's Dilemma‹ wiedergegeben werden. Es gibt nicht immer eine richtige Lösung, aber die Beteiligten haben immer mehr davon, wenn jeder von ihnen der Versuchung widersteht, mit dem anderen ein doppeltes Spiel zu treiben, und statt dessen mit ihm bzw. ihr koopiert. Wenn beide Seiten ausschließlich ihre eigenen Interessen verfolgen, ist das, was dabei herauskommt, schlechter, als wenn beide zusammenarbeiten. Adam Smiths unsichtbare Hand, die dafür sorgen soll, daß individuelle Bestrebungen stets dem Wohl der Gruppe dienen, ist in Situationen wie den oben beschriebenen gänzlich lahmgelegt.

Zum Thema des ›Prisoner's Dilemma‹ gibt es umfassende Literatur. Das ›Prisoner's Dilemma‹ mit zwei Beteiligten kann erweitert werden auf Situationen, an denen viele Personen beteiligt sind, wobei jeder einzelne die Wahl zwischen einem geringfügigen Beitrag zum Gemeinwohl oder einem massiven persönlichen Vorteil hat. Das ›Prisoner's Dilemma‹ mit mehreren beteiligten Parteien ist von Nutzen, wenn man Modellsituationen schaffen möchte, in denen der ökonomische Wert von etwas ›Immateriellem‹ zur Debatte steht, wie zum Beispiel der von sauberem Wasser, reiner Luft und persönlicher Entfaltung.

In einer weiteren Abwandlung unseres Beispiels untersuchte der Politikwissenschaftler Robert Axelrod die sich wiederholende Situation des ›Prisoner's Dilemma‹, wenn sich unsere beiden Drogenhändlerinnen (oder die Geschäftsleute oder die Ehepartner oder die Supermächte) immer wieder treffen, um ihre Transaktionen vorzunehmen. Hier taucht nun ein sehr zwingender Grund auf, zusammenzuarbeiten und keine Versuche zu unternehmen, die andere Partei übers Ohr zu hauen: Man wird nämlich aller Wahrscheinlichkeit nach mit ihm oder ihr noch öfter Geschäfte machen müssen.

Da in gewissem Maß fast alle sozialen Transaktionen Elemente des ›Prisoner's Dilemma‹ in sich tragen, spiegelt sich der Charakter einer Gesellschaft darin, welche solcher Transaktionen zur Kooperation führen und welche nicht. Wenn sich die Mitglieder einer Gesellschaft niemals kooperativ verhalten, ist ihr Leben wahrscheinlich, um mit Thomas Hobbes zu sprechen, »einsam, armselig, gemein, ohne Verstand und kurz«.

Geburtstage, Todestage und außersinnliche Wahrnehmung

Die Wahrscheinlichkeitstheorie hat ihre Ursprünge im siebzehnten Jahrhundert. Sie wurde im Zuge der Auseinandersetzung mit Problemen des Glücksspiels geboren, und etwas von dem Geruch des Hasardspiels haftet ihr bis zum heutigen Tage an. Die Statistik nahm ihren Anfang im selben Jahrhundert, als man begann, Totenlisten zusammenzustellen – und auch an ihr ist etwas von ihren Ursprüngen hängengeblieben. Die deskriptive Statistik, der älteste Zweig des Fachgebiets und gleichzeitig der bekannteste, erscheint manchmal (wenngleich nicht immer) als ein recht langweiliges Gebiet, das sich in dem endlosen Herunterleiern von Prozentwerten, Mittelwerten und Standardabweichungen erschöpft. Das theoretisch interessantere Gebiet der Inferenzstatistik bedient sich der Wahrscheinlichkeitstheorie, um Vorhersagen zu machen, wichtige Merkmale einer Population zu schätzen und die Gültigkeit von Hypothesen zu testen.

Die Prüfung statistischer Hypothesen funktioniert im Prinzip nach einem recht einfachen Verfahren. Man trifft eine Annahme (die oft als Nullhypothese bezeichnet wird), entwirft ein Experiment, führt dieses durch und berechnet dann, ob die Ergebnisse des Experiments ausreichend wahrscheinlich sind – das heißt, ob sie die Annahme bestätigen. Sind sie es nicht, verwirft man die Annahme und nimmt dafür manchmal provisorisch die Alternativhypothese an. In diesem Sinn verhält sich die Statistik zur Wahrscheinlichkeitstheorie wie die Technik zur Physik – eine angewandte Wissenschaft, die auf einer intellektuell anregenden Grundlagendisziplin basiert.

Betrachten wir das folgende Beispiel, in dem der unerwartete Ausgang eines einfachen statistischen Tests Rechtfertigung genug ist, um eine allgemeine und scheinbar ganz offensichtliche Annahme zu verwerfen: daß nämlich der Geburtstag und der Todestag eines Menschen in keiner Beziehung zueinander stehen. So scheint es plausibel, daß etwa fünfundzwanzig Prozent der Todesfälle innerhalb einer gegebenen Gruppe von Menschen in die drei Monate nach dem Geburtstag der Verstorbenen fallen (und daß die restlichen fünfundsiebzig Prozent während der übrigen neun Monate eintreten).

Um so überraschender fiel eine Zufallsstichprobe von 747 Todesanzeigen aus, die in Tageszeitungen von Salt Lake City, Utah, im Lauf des Jahres 1977 veröffentlicht worden waren. Diese Untersuchung ergab nämlich, daß 46 Prozent der Todesfälle sich in den drei Monaten ereigneten, die auf den Geburtstag der betreffenden Verstorbenen folgten. Geht man nun von der gegebenen Nullhypothese aus, daß etwa fünfundzwanzig Prozent der Todesfälle in dem dreimonatigen Intervall, das auf den jeweiligen Geburtstag folgte, eintreten sollten, dann kann die Wahrscheinlichkeit, daß 46 oder mehr Prozent in diesem Zeitraum sterben, als so gering erachtet werden, daß sie praktisch Null beträgt. (Wir müssen als Alternativhypothese annehmen, daß 46 Prozent oder mehr sterben, und nicht, daß genau 46 Prozent sterben. Wieso?)

So können wir also die Nullhypothese verwerfen und vorläufig akzeptieren, daß – aus welchem Grund auch immer – Menschen mit dem Sterben zu warten scheinen, bis ihr Geburtstag vorüber ist. Wir können nicht entscheiden, ob dies nun zurückzuführen ist auf den Wunsch, einen weiteren Meilenstein zu erreichen, oder auf das Trauma des Geburtstags (»Mein Gott, jetzt bin ich 92!«); klar scheint jedoch, daß die psychische Verfassung einer Person den Zeitpunkt ihres Todes beeinflußt. Es wäre interessant, diese Studie in einer anderen Stadt zu wiederholen. Ich neige zu der Vermutung, daß dieses Phänomen bei sehr alten Menschen noch ausgeprägter auftritt, für die ein letzter Geburtstag das einzige Ziel ist, das sie noch erreichen können.

Um das wichtige binomische Wahrscheinlichkeitsmodell zu veranschaulichen und um ein numerisches Beispiel für einen statistischen Test anzuführen, hier die Miniaturausgabe eines Tests zu der Frage, ob es außersinnliche Wahrnehmungen gibt: Nehmen wir an, daß eines von drei zufällig ausgewählten Symbolen unter ein Stück Pappe gelegt wird, worauf man die Versuchsperson bittet, es zu benennen. Im Verlauf von fünfundzwanzig solcher Versuchsdurchgänge identifiziert die Versuchperson das Symbol zehnmal richtig. Ist dieses Ergebnis beweiskräftig genug, um rechtfertigen zu können, daß man die Annahme, die Person verfüge nicht über außersinnliche Wahrnehmung, verwirft?

Die Antwort ergibt sich, wenn man die Wahrscheinlichkeit berechnet, daß die Versuchsperson die Aufgabe ebensogut oder besser per Zufall bewältigt. Die Wahrscheinlichkeit, daß jemand zufällig genau zehn korrekte Antworten errät, beträgt $(1/3)^{10}$ (die Wahrscheinlichkeit, die ersten zehn Fragen korrekt zu beantworten) × $(2/3)^{15}$ (die Wahrscheinlichkeit, die nächsten fünfzehn Fragen falsch zu beantworten) × der Anzahl der unterschiedlichen Gruppierungen von zehn Fragen, die aus den fünfundzwanzig Testfragen gebildet werden können. Dieser letzte Faktor ist notwendig, da es sich bei den richtig beantworteten Fragen ja nicht unbedingt um die ersten zehn Fragen handeln muß. Jede Zusammenstellung von zehn richtigen und fünfzehn falschen Antworten ist möglich und hat dieselbe Wahrscheinlichkeit, nämlich $(1/3)^{10} \times (2/3)^{15}$.

Da die Anzahl der Möglichkeiten, aus fünfundzwanzig Fragen zehn auszuwählen, 3 628 800 beträgt [(25 × 24 × 23 . . . 17 × 16)/(10 × 9 × 8 × . . . 2 × 1)], ist die Wahrscheinlichkeit, beliebige zehn der fünfundzwanzig möglichen Antworten korrekt zu erraten, $3\,628\,800 \times (1/3)^{10} \times (2/3)^{15}$. Entsprechende Berechnungen können angestellt werden für elf, zwölf oder dreizehn bis hin zu fünfundzwanzig korrekten Antworten auf die fünfundzwanzig Fragen. Wenn man diese Wahrscheinlichkeiten summiert, erhält man die Wahrscheinlichkeit, durch Zufall mindestens zehn der fünfundzwanzig Antworten korrekt zu erraten – nämlich etwa dreißig Prozent. Diese Wahrscheinlichkeit ist bei weitem nicht niedrig genug, um unsere Annahme, daß keine außersinnliche Wahrnehmung vorliegt, zu verwerfen.

Fehler der ersten und Fehler der zweiten Art: von der Politik zu Pascals Wette

Ein weiteres Beispiel für einen statistischen Test: Nehmen wir an, ich stelle die Hypothese auf, daß mindestens fünfzehn Prozent der Autos in einer bestimmten Gegend Corvettes sind, und daß ich, nachdem ich eintausend Autos an wichtigen Straßenkreuzungen der Gegend beobachtet habe, nur achtzig Corvettes gezählt habe. Mit Hilfe der Wahrscheinlichkeitstheorie berechne ich, daß unter meiner Annahme die Wahrscheinlichkeit dieses Ergebnisses deutlich unter fünf Prozent liegt, einem allgemein verbreiteten ›Signifikanzniveau‹. Deshalb verwerfe ich meine Hypothese, daß es sich bei fünfzehn Prozent der Autos in dieser Gegend um Corvettes handelt.

Es gibt nun zwei Arten von Fehlern, die man machen kann, wenn man diesen oder irgendeinen anderen statistischen Test anwendet; sie tragen die einfallsreichen Namen *Fehler der ersten Art* beziehungsweise *Fehler der zweiten Art*. Ein Fehler erster Art tritt auf, wenn man eine richtige Hypothese verwirft, und ein Fehler zweiter Art tritt auf, wenn man eine falsche Hypothese akzeptiert. Wenn also eine große Anzahl von Corvettes wegen einer Automobilausstellung durch die Gegend gefahren und wir deshalb von der falschen Annahme ausgegangen wären, daß mindestens fünfzehn Prozent der Autos in der Gegend Corvettes seien, hätten wir einen Fehler zweiter Art begangen. Wenn wir andererseits nicht bemerkt hätten, daß die meisten Corvettes in der Gegend nicht gefahren werden, sondern in der Garage herumstehen, hätten wir die richtige Hypothese verworfen und somit einen Fehler erster Art begangen.

Ein weiteres Beispiel: Wenn es darum geht, Geld aufzuteilen, ist der typische Liberale vor allem bemüht, Fehler erster Art zu vermeiden und dafür zu sorgen, daß alle, die es verdienen, ihren Anteil bekommen. Der typische Konservative dagegen wird sein Augenmerk mehr auf Fehler zweiter Art richten und vor allem darauf achten, daß die, die es nicht verdienen, nicht mehr bekommen, als ihnen zusteht. Wenn Strafen verhängt werden, wird der typische Konservative vor allem dafür Sorge tragen, daß Fehler erster Art vermieden werden und alle, die es verdienen, ihre angemessene Strafe bekommen. Dagegen wird der typische Liberale mehr darauf achten, daß keine Fehler zweiter Art begangen werden und keine Unschuldigen bestraft werden.

Es wird sicherlich immer Leute geben, die die Strenge der Federal Drug Administration* kritisieren, wenn das Arzneimittel X nicht früh genug für den Markt freigegeben wird, damit es weiteres Leiden verhindern kann, und die sich umgekehrt auch darüber beklagen, wenn das Medikament Y zu früh freigegeben wird und ernste Komplikationen hervorruft. Genau wie die Gesundheitsbehörde, die zwischen der relativen Wahrscheinlichkeit eines Fehlers der zweiten Art (daß ein schädliches Medikament auf den Markt kommt) und der Wahrscheinlichkeit eines Fehlers der ersten Art (daß ein gutes Arzneimittel nicht freigegeben wird) abwägen muß, so müssen auch wir andauernd Wahrscheinlichkeiten für uns selbst abschätzen. Sollen wir eine Aktie, die gerade im Kurs steigt, verkaufen und damit das Risiko eingehen, daß wir, wenn der Kurs weiter steigt, Verluste machen, oder sollen wir die Aktie behalten und riskieren, daß ihr Wert fällt und wir damit unsere Prämie verlieren? Sollen wir eine Operation vornehmen lassen oder es mit einer medikamentösen Behandlung versuchen? Soll Henry Maria fragen, ob sie mit ihm ausgeht und damit riskieren, daß sie nein sagt? Oder soll er sie nicht

* US-amerikanische Bundesbehörde für die Überwachung von Medikamenten und Arzneimitteln (Anm. d. Übers.)

fragen und seinen Seelenfrieden behalten, dafür aber auch niemals erfahren, ob sie ja gesagt hätte?

Ähnliche Überlegungen müssen auch für den Produktionsprozeß angestellt werden. Oft, wenn eine wichtige Funktion in einer Maschine wegen schadhafter Einzelteile ausfällt oder eine außergewöhnlich fehlerhafte Produktionsserie (Leuchtraketen, Dosensuppen, Computerchips, Kondome) auf den Markt kommt, ertönen Rufe nach zusätzlichen Kontrollen, die sicherstellen sollen, daß keine mangelhaften Produkte mehr hergestellt werden. Das klingt ganz vernünftig, ist aber in den meisten Fällen schlicht unmöglich oder unvertretbar teuer, was auf dasselbe hinausläuft. Es gibt Qualitätskontrollen, bei denen Stichproben jeder Produktionsserie getestet werden, doch es kann nicht jedes einzelne Stück überprüft werden.

Zwischen Qualität und Preis muß fast immer ein Kompromiß geschlossen werden. Man muß abwägen zwischen den Fehlern zweiter Art (daß man eine Stichprobe mit zu vielen fehlerhaften Einzelstücken durchgehen läßt) und den Fehlern erster Art (daß man eine Stichprobe mit nur sehr wenigen fehlerhaften Stücken ablehnt). Wenn dieser Kompromiß nicht als solcher verstanden wird, entwickelt sich oft die Tendenz, die unvermeidbaren Fehler zu leugnen oder zu vertuschen, wodurch die Aufgabe der Qualitätskontrolle nur um so schwieriger wird. In diesem Zusammenhang ist auch das SDI-Projekt zu erwähnen: Computer-Software, Satelliten, Reflektoren usw. sind hier so ungeheuer komplex, daß es schon der Naivität eines mathematischen Analphabeten bedarf, um zu glauben, dieses Projekt ließe sich durchführen, ohne den Staatshaushalt zu ruinieren.

Bei der Auseinandersetzung mit dem SDI-Projekt geht es um Fragen der Wahrscheinlichkeit des Untergangs beziehungsweise des Überlebens; also kann selbst hier das Wissen um Kompromißmöglichkeiten eine wichtige Rolle spielen. Pascals Wette um die Existenz Gottes zum Beispiel kann dargestellt werden als Entscheidung zwischen der relativen Wahrscheinlichkeit und den Folgen von Fehlern erster und zweiter Art. Sollen wir Gott akzeptieren, dementsprechend handeln und damit den Fehler der zweiten Art in Kauf nehmen (er existiert nicht), oder sollen wir Gott ablehnen (er existiert doch)? Wir sehen also, daß alle möglichen Entscheidungsprozesse nach diesem System ablaufen. Es gibt nun einmal kein Mittagessen umsonst, und selbst wenn es so etwas gäbe, hätte man noch lange keine Garantie gegen Sodbrennen.

Die Vertrauenswürdigkeit einer Erhebung

Im Prinzip ist es ganz einfach. Schätzungen von Merkmalen einer Population anzustellen – also beispielsweise den Prozentsatz derer zu ermitteln, die einen bestimmten Kandidaten oder Hundefutter einer bestimmten Marke bevorzugen. Man wählt eine Zufallsstichprobe (was leichter gesagt als getan ist) und untersucht dann, welcher Prozentsatz der Stichprobe den betreffenden Kandidaten vorzieht (sagen wir fünfundvierzig Prozent) oder welcher Prozentsatz die Marke des Hundefutters bevorzugt (sagen wir achtundzwanzig Prozent). Diese Prozentsätze werden dann als Schätzwerte auf die Ansicht der Gesamtpopulation bezogen.

Die einzige echte Erhebung, die ich selbst je vorgenommen habe, war inoffiziell und sollte folgende brennende Frage beantworten: Welcher Prozentsatz der weiblichen Collegestudenten mag die Filme der Three Stooges*? Nachdem ich alle diejenigen ausgeschlossen

* Slapstick-Komödianten in der Art der Marx-Brothers. Ihre Filme waren in den fünfziger und sechziger Jahren sehr populär. (Anm. d. Übers.)

hatte, die die anspruchslosen und handgreiflichen Slapstickkomödien der Stooges nicht kannten, fand ich heraus, daß überwältigende 8 Prozent meiner Stichprobe gern diesem Laster frönten.

Ich verwendete nicht sonderlich viel Sorgfalt bei der Auswahl der erwähnten Stichprobe, aber das Ergebnis, 8 Prozent, klang zumindest recht glaubhaft. Ein offensichtliches Problem bei Aussagen wie »67 Prozent (oder 75 Prozent) aller Befragten gaben der Alternative X den Vorzug« ist, daß sie auf winzigen Stichproben von vielleicht drei oder vier Versuchspersonen beruhen können. Noch extremer ist der Fall, wenn eine berühmte Persönlichkeit sich für eine bestimmte Diät oder ein bestimmtes Medikament oder was auch immer ausspricht: wenn also eine Stichprobe vorliegt, die aus einer Person besteht, wobei diese gewöhnlich auch noch für ihre Dienste bezahlt wird.

So ist die Entscheidung, wieviel Vertrauen man einer statistischen Schätzung entgegenbringen kann, oft schwieriger als die Durchführung der Schätzung selbst. Handelt es sich um eine große Stichprobe, kann man eher darauf vertrauen, daß die erhobenen Merkmale denen der Gesamtpopulation nahekommen. Wenn die Verteilung des Merkmals in der Population nicht zu weit gestreut und nicht zu unterschiedlich ist, kann man ebenfalls davon ausgehen, daß die in der Stichprobe erhobenen Merkmale repräsentativ sind.

Wenn man einige Prinzipien und Grundsätze der Wahrscheinlichkeitstheorie und der Statistik heranzieht, ist es möglich, sogenannte Konfidenzintervalle zu erstellen. Mit ihrer Hilfe können wir abschätzen, wie groß die Wahrscheinlichkeit ist, daß ein in der Stichprobe erhobenes Merkmal für die Gesamtpopulation repräsentativ ist. So könnten wir dann etwa sagen, daß ein Konfidenzintervall von 95 Prozent für den Prozentsatz der Wähler, die den Kandidaten X bevorzugen, 45 Prozent plus/

minus 6 Prozent beträgt. Das bedeutet, daß wir mit fünfundneunzigprozentiger Sicherheit davon ausgehen können, daß der Prozentsatz in der Population sich innerhalb von 6 Prozent über oder unter dem Prozentsatz der Stichprobe befindet; in unserem Fall bevorzugen also zwischen 39 und 51 Prozent der Population den Kandidaten X. Und in bezug auf unser Hundefutter-Beispiel könnten wir sagen, daß ein neunundneunzigprozentiges Konfidenzintervall für den Prozentsatz der Verbraucher, die der Marke Y den Vorzug geben, 28 Prozent plus/minus 11 Prozent beträgt. Das bedeutet, daß wir zu 99 Prozent sicher sein können, daß der Prozentsatz in der Population innerhalb von 11 Prozent über oder unter dem der Stichprobe liegt; in unserem Fall bevorzugen also zwischen 17 und 39 Prozent der Verbraucher die Marke Y.

Aber auch hier bekommt man nichts geschenkt. Je enger das Konfidenzintervall ist – das heißt, je genauer die Schätzung –, desto weniger Vertrauen sollten wir in sie haben. Umgekehrt gilt: Je breiter das Konfidenzintervall ist – das heißt, je weniger genau die Schätzung ist –, desto mehr Vertrauen kann man in sie setzen. Natürlich ist es möglich, durch Erhöhung der Stichprobengröße sowohl das Intervall schmaler zu halten als auch die Vertrauenswürdigkeit der Schätzung zu steigern, aber eine Vergrößerung der Stichprobe ist auch immer mit höheren Ausgaben verbunden.

Erhebungen und Befragungen, die keine Konfidenzintervalle oder Fehlerbreiten angeben, sind oft irreführend. Meistens jedoch gibt es bei Erhebungen Konfidenzintervalle; doch diese werden in den Medien oft genug unterschlagen. Vorsichtige Äußerungen oder unsichere Annahmen sind eben wenig ›publicityträchtig‹.

Wenn es in einer Schlagzeile heißt, die Arbeitslosenquote sei von 7,1 Prozent auf 6,8 Prozent gesunken, und dabei nicht erwähnt wird, daß das Konfidenzintervall plus/minus ein Prozent beträgt, könnte man den ungerechtfertigten Eindruck gewinnen, daß sich hier etwas zum Positiven entwickelt hat. Berücksichtigt man aber den Stichprobenfehler, so stellt sich möglicherweise heraus, daß von einem ›Sinken‹ gar keine Rede sein kann – oder gar, daß die Arbeitslosenzahlen gestiegen sind. Wenn keine Fehlerstreuung angegeben wird, kann man davon ausgehen, daß eine Stichprobengröße von eintausend oder mehr Versuchpersonen ein Intervall ergibt, das eng genug ist für die meisten Zwecke, während eine Zufallsstichprobe von einhundert oder weniger für die meisten Zwecke ein zu breites Intervall liefert.

Viele Leute sind überrascht, wie wenige Versuchspersonen bei solchen Erhebungen befragt werden. (Die Breite des Konfidenzintervalls variiert umgekehrt proportional zur Quadratwurzel der Stichprobengröße.) Tatsächlich befragt man zumeist eine größere Anzahl von Versuchspersonen, als theoretisch gesehen notwendig wäre. Wenn die gewählte Zufallsstichprobe 1000 Personen zählt, beträgt das Konfidenzintervall, mit dem man den Prozentsatz derjenigen schätzt, die dem Kandidaten X oder dem Hundefutter Y den Vorzug geben, theoretisch gesehen etwa plus/minus 3 Prozent. Meinungsforscher rechnen jedoch oft mit plus/minus 4 Prozent bei dieser Stichprobengröße, da häufig Versuchspersonen die Antwort verweigern oder andere Schwierigkeiten auftreten.

Betrachten wir die Probleme, die sich bei einer typischen Meinungsumfrage per Telefon stellen. Wird das Ergebnis dadurch beeinflußt, daß man Haushalte ausläßt, die keinen Telefonanschluß haben? Wie hoch ist der Prozentsatz der Leute, die sich weigern, die Fragen zu beantworten, oder einhängen, sobald sie merken, daß ein Meinungsforscher am Apparat ist? Die Auswahl der Telefonnummern geschieht nach dem Zufallsprinzip – was soll man tun, wenn man einen Geschäftsanschluß erwischt? Was soll man tun, wenn niemand zu Hause ist oder wenn ein Kind ans Telefon kommt? Welchen Einfluß hat das Geschlecht, das Verhalten oder die Stimme des Telefoninterviewers auf die Antworten, die man erhält? Arbeitet der Interviewer immer sorgfältig und ist er auch ehrlich bei der Aufzeichnung der Antworten? Beruht die Methode, nach der die Telefonnummern ausgewählt werden, auf dem Zufallsprinzip? Sind die Fragen suggestiv oder unverständlich formuliert? Wessen Antwort wird gewertet, wenn zwei oder mehr Erwachsene zu Hause sind? Welche Methode verwendet man, um die Ergebnisse zu gewichten? Wenn die Umfrage ein Thema betrifft, zu dem sich die Antworten rasch ändern, wie wird dann das Ergebnis dadurch beeinflußt, daß sich die Untersuchung über einen längeren Zeitraum erstreckt?

Ähnliche Schwierigkeiten ergeben sich auch bei Umfragen, die von Interviewern persönlich oder brieflich durchgeführt werden. Suggestive Fragestellungen oder ein einschmeichelnder Tonfall können bei persönlichen Interviews das Ergebnis verfälschen. Bei Erhebungen, die mit Fragebögen arbeiten, ist es dagegen besonders wichtig, daß selbstgewählte Stichproben vermieden werden – also solche, bei denen vor allem die Eifrigsten, die am meisten Betroffenen oder andere atypische Personengruppen die Fragen beantworten. (Solche selbstgewählten Umfragen tragen manchmal den ehrlicheren Begriff ›Lobby‹.) Die berühmte Umfrage des ›Literary Digest‹ von 1936, die vorhersagte, daß Alf Landon mit einer Mehrheit von 3 zu 2 Franklin Roosevelt schlagen werde, erwies sich als falsch, weil nur 23 Prozent der Personen, denen man einen Fragebogen zugesandt hatte, ihn auch zurückschickten, und weil es sich bei diesen Personen in der Mehrzahl um Bessergestellte handelte. Ein ähnlicher Fehler verfälschte die Meinungsumfrage von 1948, die den Sieg von Thomas Dewey über Harry Truman voraussagte.

Zeitschriften und Zeitungen sind dafür berüchtigt, daß sie verzerrte Ergebnisse veröffentlichen, da hier die Antworten der in denselben Zeitschriften und Zeitungen erschienenen Fragebögen ausgewertet werden. Bei diesen informellen Umfragen erfährt man selten von Konfidenzintervallen oder den angewandten Methoden, das heißt, daß die Problematik der selbstgewählten Umfrage oft nicht sichtbar wird. Wenn die feministische Schriftstellerin Shere Hite oder die Kolumnistin Ann Landers berichten, daß ein erstaunlich hoher Prozentsatz der von ihnen interviewten Frauen eine Liebesaffäre unterhalte oder lieber keine Kinder hätte, dann sollten wir uns automatisch fragen, wer diese Fragebogen höchstwahrscheinlich beantwortet: Eine Frau, die eine Affäre hat, oder eine Frau, die relativ zufrieden ist; eine Frau, deren Kinder sie fast zur Verzweiflung treiben, oder eine Frau, die glücklich ist mit ihren Kindern?

Umfragen ohne wissenschaftlich korrekte Auswahl der Befragten liefern nicht viel mehr Informationen als eine Liste der korrekten Voraussagen eines parapsychologischen Mediums. Wenn man nicht die gesamte Liste der Vorhersagen oder einen nach dem Zufallsprinzip ausgewählten Auszug vorliegen hat, läßt sich daraus überhaupt nichts ablesen. Manche Voraussagen müssen sich schon rein per Zufall bewahrheiten. Entsprechend wertlos ist ein Umfrageergebnis, wenn die Befragten sich selbst gemeldet haben und nicht nach dem Zufallsprinzip ausgewählt wurden.

Der mathematisch versierte Verbraucher sollte aber nicht nur gegenüber solchen Umfragen vorsichtig sein, sondern auch gegenüber Untersuchungen, die mit einem bestimmten Interesse in Auftrag gegeben wurden. Wenn zum Beispiel die Firma Y 8 Studien in Auftrag gibt, die die Qualität ihres Produktes mit dem ihrer Konkurrenten vergleichen soll, und wenn dabei 7 der 8 Studien zu dem Ergebnis gelangen, daß das Produkt des Konkurrenten überlegen ist, kann man unschwer vorhersagen, welche Studie die Firma Y in der Fernsehwerbung zitieren wird.

Wie schon in den Kapiteln über Zufall und Pseudowissenschaft sehen wir auch hier wieder, wie das Bedürfnis, Informationen zu filtern oder überzubewerten, dem Wunsch, eine wirkliche zufällige Stichprobe zu erhalten, entgegenwirkt. Besonders für mathematische Analphabeten haben ein paar eindrucksvolle Vorhersagen oder Ausnahmephänomene oft mehr Gewicht als wesentlich schlüssigere, aber weniger spektakuläre statistische Beweise.

Erhebungen von privaten Daten

Bei der Erstellung einer Statistik werden also die Informationen über eine große Population durch die Untersuchung von Merkmalen einer kleinen, nach dem Zufallsprinzip ausgewählten Stichprobe gewonnen. Die dabei angewandten Techniken – von der enumerativen Induktion des Francis Bacon bis zu den Theorien des Hypothesentestens und des experimentellen Designs von Karl Pearson und R. A. Fisher, den Vätern der modernen Statistik – folgen alle diesem (inzwischen) selbstverständlichen Prinzip. Im folgenden wollen wir uns mit verschiedenen ungewöhnlichen Arten der Gewinnung von Informationen beschäftigen.

Zunächst zu einer Methode, die möglicherweise in unserem informationshungrigen Zeitalter an Bedeutung gewinnen wird. Sie ermöglicht es, heikle Informationen über eine Gruppe von Menschen zu erhalten, ohne ihre Privatsphäre zu verletzen. Nehmen wir an, wir haben eine große Gruppe von Menschen und möchten nun wissen, welcher Prozentsatz von ihnen eine bestimmte Praktik des Geschlechtsverkehrs durchgeführt hat. Wir benötigen diese Informationen, um feststellen zu können, welche Praktiken am wahrscheinlichsten zu AIDS führen.

Was also können wir tun? Wir bitten alle, eine Münze aus dem Portemonnaie zu nehmen und diese einmal hochzuwerfen. Zeigt sie Kopf, soll die Person die Frage ehrlich beantworten: Hat er oder sie jemals die entsprechende Sexualpraktik durchgeführt – ja oder nein? Erscheint Zahl, soll die betreffende Person in jedem Fall mit ja antworten. So kann eine Ja-Antwort zwei Bedeutungen haben; eine vollkommen harmlose (die Münze zeigt Zahl) und eine möglicherweise peinliche (man hat den betreffenden Sexualakt durchgeführt). Da der Untersuchungsleiter nicht wissen kann, was ein Ja bedeutet, kann man davon ausgehen, daß die Antworten der Versuchspersonen ehrlich sind.

Nehmen wir einmal an, daß 620 von 1000 Antworten ja lauten. Was besagt dieses Ergebnis hinsichtlich des Prozentsatzes von Personen, die diese sexuelle Praktik durchführen? Etwa 500 der 1000 Menschen antworten aus dem einfachen Grund mit ja, weil ihre Münze Zahl gezeigt hat. Es bleiben also 120 Versuchspersonen von den 500, die mit ja geantwortet und damit auf die Frage eine ehrliche Antwort gegeben haben (diejenigen, deren Münze Kopf gezeigt hat). Demzufolge beträgt der Schätzwert für den Prozentsatz der Personen, die diese Art von Geschlechtsverkehr praktizieren, 24 Prozent (120/500).

Es gibt zahlreiche Weiterentwicklungen dieser Methode, die eingesetzt werden können, wenn es darum geht, nähere Einzelheiten herauszufinden, zum Beispiel, wie oft der Sexualakt von den betreffenden Personen durchgeführt wurde. Informellere Varianten dieses Verfahrens könnten zur Anwendung kommen, wenn zum Beispiel eine Spionageorganisation herausbekommen will, wie viele Dissidenten es in einer bestimmten

Gegend gibt, oder wenn eine Werbeagentur die Akzeptanz für ein umstrittenes Produkt eruieren möchte. Die Rohdaten für die Berechnungen können aus öffentlichen Quellen stammen und, angemessen bearbeitet, zu erstaunlichen Schlußfolgerungen führen.

Eine weitere ungewöhnliche Methode der Informationsbeschaffung ist die sogenannte capture-recapture-Methode.* Nehmen wir an, wir wollen wissen, wie viele Fische es in einem bestimmten See gibt. Wir fangen 100 von ihnen, markieren sie und lassen sie wieder frei. Nachdem wir ihnen Zeit gelassen haben, sich wieder im See zu verteilen, fangen wir noch einmal 100 und überprüfen, wie viele von ihnen mit einer Markierung versehen sind.

Wenn 8 von den 100 Fischen, die wir gefangen haben, markiert sind, beträgt ein vernünftiger Schätzwert für den Anteil markierter Fische im ganzen See 8 Prozent. Da diese 8 Prozent aus der Menge der 100 Fische stammen, die wir ursprünglich markiert haben, kann die Gesamtzahl der Fische im ganzen See durch die Lösung folgender Gleichung angeben werden: 8 (Zahl der markierten Fische in der zweiten Stichprobe) verhält sich zu 100 (Gesamtzahl der Fische in der zweiten Stichprobe) wie 100 (Gesamtzahl der markierten Fische) zu n (Gesamtzahl aller Fische im ganzen See). n ist also etwa 1250.

Natürlich ist sorgfältig darauf zu achten, daß die markierten Fische mehr oder weniger gleichmäßig über den ganzen See verteilt sind, daß es sich bei denen, die man markiert hat, nicht nur um die langsameren oder besonders gefräßigen Fische handelt und so weiter. Wenn man jedoch Probleme dieser Art berücksichtigt, wird sich die capture-recapture-Methode als ein sehr effektives Verfahren zur Gewinnung eines groben Schätzwertes erweisen.

* Wörtlich: »fangen und wieder einfangen«. In der Statistik wird gewöhnlich der englische Begriff verwendet. (Anm. d. Übers.)

Statistische Analysen von Werken, deren Autorenschaft umstritten ist (wie die Bibel oder *Die Nachtwachen des Bonaventura*), sind ebenfalls auf ähnlich gewitzte Methoden angewiesen, aus unkooperativen (da toten) Quellen Informationen herzuleiten.

Zwei theoretische Ergebnisse

Die Anziehungskraft der Wahrscheinlichkeitstheorie beruht zum großen Teil auf den praktischen Anwendungsmöglichkeiten. Die beiden folgenden theoretischen Probleme sind jedoch von so grundlegender Bedeutung, daß wir sie in diesem Zusammenhang auf keinen Fall unerwähnt lassen dürfen.

Das erste ist das Gesetz der großen Zahl, eines der bekanntesten, wenn auch sehr häufig mißverstandenen Theoreme der Wahrscheinlichkeitstheorie, das von Leuten oft herangezogen wird, um alle möglichen bizarren Schlußfolgerungen zu rechtfertigen. Das Gesetz der großen Zahl besagt einfach, daß auf lange Sicht die Differenz zwischen der Wahrscheinlichkeit eines Ereignisses und der relativen Häufigkeit seines Eintretens gegen Null geht.

Wenden wir nun das Gesetz der großen Zahl, das erstmals von James* Bernoulli im Jahre 1713 formuliert wurde, auf das Münzenwerfen an. Hier gilt: Die Differenz zwischen $1/2$ und dem Quotienten aus der Gesamtzahl der Kopfwürfe geteilt durch die Gesamtzahl der Würfe nähert sich bei steigender Gesamtzahl der Würfe nachweislich immer mehr Null an. Wie wir bereits im 2. Kapitel festgestellt haben, bedeutet dies jedoch nicht, daß die Differenz zwischen der Gesamtzahl der Kopf-

* So nennen die Amerikaner Jakob Bernoulli (1654–1705), in dessen posthum erschienenem Werk ›Ars Conjectandi‹ (Basel 1713) dieses Gesetz zum ersten Mal veröffentlicht wurde. (Anm. d. Übers.)

würfe und der Gesamtzahl der Zahlwürfe mit steigender Wurfzahl immer kleiner wird; im allgemeinen passiert sogar genau das Gegenteil. Münzen – vorausgesetzt, sie sind nicht präpariert – verhalten sich gerecht im Sinne der Proportionen, aber nicht im absoluten Sinn. Und im Gegensatz zu dem, was in vielen Kneipengesprächen behauptet wird, folgt das Gesetz der großen Zahl nicht dem weitverbreiteten Trugschluß, daß ein Kopfwurf nach einer Reihe von Zahlwürfen immer wahrscheinlicher wird.

Unter anderem rechtfertigt dieses Gesetz auch die Annahme eines Experimentators, daß der Durchschnitt einer Reihe von Messungen eines Merkmals sich mit steigender Zahl der Messungen dem wahren Wert der Häufigkeit dieses Merkmals annähert. Das Gesetz der großen Zahl liefert auch die logische Grundlage für folgende alltägliche Beobachtung: Wenn man mit einem Würfel n-mal würfelt, wird die Chance, daß sich die Anzahl der Fünfen, die man bekommt, sehr von $n/6$ unterscheidet, mit größer werdendem n immer kleiner.

Die glockenförmige Kurve der Normalverteilung scheint viele natürliche Erscheinungen zu beschreiben. Weshalb ist das so? Eine weiteres sehr wichtiges Ergebnis der Wahrscheinlichkeitstheorie ist das sogenannte Theorem des zentralen Grenzwerts. Es liefert die theoretische Erklärung für das Vorherrschen dieser Gaußschen Normalverteilung, die nach dem deutschen Mathematiker Carl Friedrich Gauß (1777–1855) benannt ist. Das Theorem des zentralen Grenzwertes besagt, daß die Summe (oder der Durchschnitt) einer großen Anzahl von Messungen eine Normalverteilung bildet, auch wenn die einzelnen Meßwerte dies nicht tun. Was bedeutet das?

Stellen Sie sich eine Fabrik vor, die kleine Batterien für Spielzeug produziert, und nehmen Sie an, daß die Fabrik von einem gemeinen Ingenieur geleitet wird, der dafür sorgt, daß etwa 30 Prozent der Batterien bereits nach 5 Minuten verbraucht sind und die übrigen 70 Prozent etwa 1000 Stunden halten. Die Verteilung der Lebensdauer dieser Batterien beschreibt natürlich keine normale glockenförmige Kurve, sondern eher eine u-förmige, bei der es zwei Gipfel gibt; der eine bei 5 Minuten, der andere (größere) bei 1000 Stunden.

Nehmen wir nun an, daß die Batterien in zufälliger Reihenfolge vom Fließband kommen und in Schachteln zu jeweils 36 Stück verpackt werden. Nun bestimmen wir die durchschnittliche Lebensdauer der Batterien in einer Schachtel und finden heraus, daß diese etwa bei 700 Stunden liegt – nehmen wir an, es sind genau 709. Bei einer weiteren Schachtel kommen wir zu dem Ergebnis, daß die durchschnittliche Lebensdauer der 36 Batterien wiederum ungefähr 700 Stunden beträgt – diesmal vielleicht 687. Wenn wir eine große Anzahl solcher Schachteln überprüfen, wird der Durchschnitt der einzelnen Durchschnitte tatsächlich sehr nahe bei 700 liegen. Und was noch faszinierender ist: die Verteilung dieser Durchschnitte wird annähernd normal (also glockenförmig) sein, wobei der richtige Prozentsatz von Schachteln Durchschnittswerte zwischen 680 und 700 aufweist oder zwischen 700 und 720 und so weiter.

Das Theorem des zentralen Grenzwerts besagt, daß unter einer Vielzahl von Bedingungen immer dieser Fall eintreten wird: daß Durchschnittswerte und Summen nicht normalverteilter Merkmale dennoch eine Normalverteilung aufweisen.

Auch beim Meßvorgang tritt die Normalverteilung auf. Hier liefert das Theorem die theoretische Begründung für die Tatsache, daß die Messungen eines beliebigen Merkmals die Tendenz zeigen, eine normalverteilte glockenförmige ›Fehlerkurve‹ zu bilden, die um den wahren Wert des betreffenden Merkmals zentriert ist. Weitere Merkmale, die zu einer Normalverteilung neigen, sind zum Beispiel altersspezifische Größe und Gewicht, der Wasserverbrauch einer Stadt an irgendeinem bestimmten Tag, die Breite maschinell gefertigter Teile, der IQ (was auch immer damit gemessen wird), die Anzahl der Einlieferungen in ein großes Krankenhaus an einem bestimmten Tag, die Entfernung der Wurfpfeile vom Mittelpunkt, Blattgrößen, Brustumfang oder die Menge Sprudel, die ein Automat ausgibt. All diese Merkmale kann man sich als Durchschnitt oder als Summe vieler Faktoren (genetischen, physikalischen oder sozialen Ursprungs) vorstellen, und so erklärt das Theorem des zentralen Grenzwertes ihre Normalverteilung.

Kurz: Durchschnitte (oder Summen) quantitativer Merkmale streben zu einer Normalverteilung, selbst wenn die Merkmale, deren Durchschnitte oder Summe sie bilden, dies nicht tun.

Korrelation und Kausalzusammenhang

Korrelation und Kausalzusammenhang sind zwei vollkommen verschiedene Begriffe, die vor allem mathematische Analphabeten sehr häufig verwechseln. Es kommt sehr oft vor, daß zwei Mengen korrelat sind, ohne daß die eine die Ursache der anderen ist.

Dies geschieht im allgemeinen dann, wenn Veränderungen in beiden Mengen von einem dritten Faktor bewirkt werden. Ein bekanntes Beispiel hierfür ist die mittelgroße Korrelation zwischen dem Konsum von Milch und dem Auftreten von Krebs in bestimmten Ländern. Die Korrelation erklärt sich wahrscheinlich durch den relativen Reichtum dieser Länder, der sowohl einen steigenden Milchkonsum als auch eine größere Häufigkeit von Krebsleiden aufgrund der höheren Lebenserwartung mit sich bringt. Vermutlich würde jede der

Gesundheit zuträgliche Gewohnheit (wie etwa das Milchtrinken), die positiv mit Langlebigkeit korreliert, im gleichen Verhältnis zum Auftreten von Krebs stehen.

Zwischen der Todesrate pro 1000 Menschen in verschiedenen Gegenden der USA und der Scheidungsrate pro 1000 Eheschließungen in denselben Gegenden besteht eine geringe negative Korrelation: mehr Scheidungen – weniger Todesfälle. Wiederum weist ein dritter Faktor, die Altersverteilung in den betreffenden Gegenden, auf eine mögliche Erklärung hin. Ältere Ehepaare lassen sich mit geringerer Wahrscheinlichkeit scheiden und sterben mit höherer Wahrscheinlichkeit als jüngere Ehepaare. Weil es sich bei einer Scheidung um eine außerordentlich einschneidende Erfahrung handelt, erhöht sie wahrscheinlich eher das Todesrisiko. Daher ist anzunehmen, daß genau das Gegenteil von dem zutrifft, was die obige irreführende Korrelation suggeriert. Ein weiteres Beispiel dafür, wie ein korrelativer Zusammenhang als ursächlich mißverstanden werden kann: Auf den Neuen Hebriden hielt man Körperläuse für die Ursache eines guten Gesundheitszustandes. Wie bei vielen Volksweisheiten gab es auch für diese Überzeugung durchaus Anhaltspunkte: Wenn die Leute krank wurden, stieg ihre Körpertemperatur, worauf sich die Läuse einen angenehmeren Aufenthaltsort suchten. Ebensowenig läßt die Korrelation zwischen der Qualität von staatlichen Kindertagesstätten und der nachgewiesenen Rate des sexuellen Mißbrauchs von Kindern auf einen kausalen Zusammenhang schließen. Sie macht lediglich deutlich, daß bei einer besseren Betreuung Fälle von sexuellem Mißbrauch sorgfältiger registriert werden.

Manchmal stehen miteinander korrelierende Mengen tatsächlich in kausaler Beziehung zueinander, während andere, ›störende‹ Faktoren den ursächlichen Zusammenhang verschleiern. Eine negative Korrelation – zum Beispiel zwischen der Qualität des Universitätsexamens

(B.S., M.A., M.B.A. oder Ph.D.)* und dem Anfangsgehalt der betreffenden Person – wird dann einsichtig, wenn der Störfaktor – die verschiedenen Arten von Arbeitgebern – mit in die Betrachtung einbezogen wird. Personen mit einem Doktortitel nehmen mit größerer Wahrscheinlichkeit eine schlecht bezahlte Akademikerstelle an als Leute mit anderen Universitätsabschlüssen, die gewöhnlich eher in die Industrie gehen. Demnach bringt der höhere Abschluß tatsächlich ein niedrigeres Anfangsgehalt mit sich; die höhere akademische Qualifikation selbst mindert aber keineswegs von sich aus das Einkommen der betreffenden Person. Das Rauchen ist zweifellos ein bedeutender Mitverursacher von Krebs, Lungen- und Herzerkrankungen, aber bestimmte Störfaktoren, die mit dem Lebensstil und der Umwelt des einzelnen zu tun haben, haben über Jahre hinweg den Blick auf diese Tatsache zumindest teilweise verstellt.

Zwischen der Feststellung, daß eine Frau alleinstehend ist, und der Feststellung, daß sie das College besucht hat, besteht eine geringe Korrelation. Auch hier gibt es jedoch zahlreiche Störfaktoren. Aus diesem Grunde ist es fraglich, ob zwischen den beiden Phänomenen überhaupt ein kausaler Zusammenhang besteht und, falls tatsächlich Kausalität auszumachen ist, in welche Richtung sie weist. Vielleicht ist es nämlich gerade umgekehrt: Weil die Frau ledig bleibt, erwacht in ihr die Neigung, das College zu besuchen. Übrigens wurde in *Newsweek* einmal die Behauptung vertreten, die Chance, daß eine alleinstehende Frau über fünfunddreißig, die einen Collegeabschluß hat, heiratet, sei geringer als ihre Chance, von einem Terroristen umgebracht zu werden. Diese Behauptung war vermutlich bewußt überspitzt formuliert, aber ich habe erlebt, wie sie mehrfach

* In den USA gebräuchliche akademische Grade: Bachelor of Science, Master of Arts (Magister Artium), Master of Business Administration und Philosophiae Doctor (Anm. d. Übers.)

in den Medien als Tatsache zitiert wurde. Wenn jedes Jahr ein Preis für ein besonders extremes Beispiel mathematischen Analphabetentums verliehen würde, so wäre der Schöpfer dieser Behauptung ein höchst aussichtsreicher Anwärter.

Schließlich gibt es auch viele rein zufällige Korrelationen. Untersuchungen, die geringfügige Nicht-Null-Korrelationen nachweisen, konstatieren oft nur zufällige Fluktuationen und haben ungefähr denselben Erkenntniswert wie eine Münze, die fünfzigmal hochgeworfen wird und nicht genau in der Hälfte der Fälle mit dem Kopf nach oben landet. Tatsächlich werden in der sozialwissenschaftlichen Forschung nur oft auf gedankenlose Weise Sammlungen solcher bedeutungslosen Daten produziert. Wenn die Eigenschaft X (sagen wir: Humor) auf die eine Art definiert wird (Anzahl der Lacher, die durch eine Serie von Witzen ausgelöst wird), und die Eigenschaft Y (sagen wir: Selbstachtung) auf eine andere Art (Anzahl der Ja-Antworten auf einem Fragebogen zur Selbsteinschätzung), dann beträgt der Korrelationkoeffizient zwischen Humor und Selbstachtung 0,217. Wertloses Zeug.

Die Regressionsanalyse, die versucht, die Werte der Menge X mit denen der Menge Y in Verbindung zu setzen, ist ein sehr wichtiges Hilfsmittel der Statistik, das aber häufig mißbraucht wird. Zu oft bekommt man Ergebnisse wie in den oben angeführten Beispielen. Es ist, als würde man die Gleichung $Y = 2{,}3\,x + R$, aufstellen, und bei R würde es sich um eine Zufallsgröße handeln, deren Spannbreite so groß ist, daß sie das angebliche Verhältnis zwischen X und Y völlig überdeckt.

Solche fehlerhaften Untersuchungen bilden oft die Grundlage für psychologisch orientierte Einstellungstests, für die Festlegung von Versicherungsbeiträgen und für die Ermittlung der Kreditwürdigkeit eines Bankkunden. Es mag sein, daß Sie sehr wohl einen guten Angestellten abgeben würden, daß Ihnen ein niedriger Versicherungsbeitrag zustünde oder eine günstige Kreditkarte eingeräumt werden sollte – wenn sich aber die Ansicht durchsetzt, daß Ihre Korrelationen mit einem Mangel behaftet sind, wird Ihnen das möglicherweise wenig helfen.

Brustkrebs, Überfälle und Löhne: einfache statistische Fehler

Am häufigsten aber schleicht sich ein statistischer Schnitzer bei so einfachen Dingen wie Brüchen und Prozentzahlen ein – wie die folgenden Beispiele zeigen.

Eine vielzitierte Statistik besagt, daß eine von elf Frauen an Brustkebs erkrankt. Diese Zahl ist jedoch aus zwei Gründen irreführend: Erstens trifft sie nur auf eine imaginäre Stichprobe von Frauen zu, die alle ein Alter von 85 Jahren erreichen. Doch nur eine kleine Minderheit von Frauen erreicht bekanntlich ein Alter von 85 Jahren. Zweitens muß man bei der Bestimmung der Häufigkeitsrate das Alter der betreffenden Frauen berücksichtigen. Die Häufigkeitsraten verändern sich und liegen für ältere Frauen wesentlich höher. Im Alter von 40 Jahren erkrankt pro Jahr etwa eine Frau von tausend an Brustkrebs, während im Alter von 60 Jahren die Quote bereits auf fünf Frauen pro hundert gestiegen ist. Eine typische Vierzigjährige hat also ein Risiko von 1,4 Prozent, Brustkrebs zu bekommen, bevor sie fünfzig wird, und ein Risiko von 3,3 Prozent, daß die Krankheit vor ihrem 60. Geburtstag ausbricht. Um es ein wenig überspitzt zu formulieren: Die Zahlenangabe ›eine Frau von elf‹ ähnelt der Prognose, daß neun von zehn Menschen Altersflecken bekommen werden – was ja noch lange nicht bedeutet, daß Dreißigjährige sich deswegen besonders beunruhigen müßten.

Ein weiteres Beispiel für eine technisch korrekte, aber irreführende Statistik ist die Feststellung, daß Herzerkrankungen und Krebs in den USA die beiden häufigsten Todesursachen sind. Das ist zweifellos richtig, aber nach den Angaben des *Center for Disease Control* gehen durch Unfalltod – bei Autounfällen, Vergiftungen, durch Ertrinken, bei Stürzen, Feuersbrünsten oder Schießunfällen – mehr potentielle Lebensjahre verloren, da das Durchschnittsalter dieser Todesopfer bedeutend niedriger ist als das der Menschen, die dem Krebs oder Herzerkrankungen erliegen.

Der Grundschulstoff des Prozentrechnens wird immer wieder falsch angewendet. Obwohl viele Menschen gegenteiliger Überzeugung sind, gibt es bei einem Gegenstand, dessen Preis erst um 50 Prozent erhöht und dann um 50 Prozent gesenkt wurde, eine Netto-Preisreduktion von 25 Prozent. Bei einem Kleid, dessen Preis zweimal hintereinander ›drastisch‹ um 40 Prozent herabgesetzt wurde, beträgt die Preissenkung 64 und nicht 80 Prozent.

Eine neue Zahnpasta, die Karies um 200 Prozent reduziert, ist angeblich in der Lage, den gesamten Kariesbefall, den ein Mensch hat, zweimal zu entfernen (einmal, indem sie die vorhandenen Löcher füllt, und dann noch einmal, indem sie die Stellen der ehemaligen Löcher noch mit kleinen Erhöhungen versieht?) Die Angabe ›200 Prozent‹ kann, wenn sie überhaupt etwas bedeutet, höchstens aussagen, daß die betreffende Zahnpasta den Kariesbefall um vielleicht 30 Prozent reduziert, während eine Standardzahnpasta hier vielleicht zu nur 10 Prozent erfolgreich ist (so daß die dreißigprozentige Reduktion eine zweihundertprozentige Steigerung der zehnprozentigen Reduktion bedeutet). Die letztere Behauptung ist weniger irreführend, aber auch weniger imposant, und deshalb wird sie nicht veröffentlicht.

Es ist sehr nützlich, wenn man angesichts solcher

Angaben immer die Frage stellt: »Der Prozentsatz *wovon*?« Wenn zum Beispiel der Profit 12 Prozent beträgt, sind damit dann 12 Prozent der Kosten, des Umsatzes oder des letztjährigen Profits gemeint?

Brüche scheinen für viele mathematische Analphabeten ebenfalls ein riesiges Problem darzustellen. Von einem Präsidentschaftskandidaten bei den Wahlen von 1980 erzählt man sich, er habe sich bei den ihn umschwärmenden Presseleuten erkundigt, wie man $^{2}/_{7}$ in eine Prozentzahl umwandeln könne. Dann habe er hinzugefügt, dies sei eine Hausaufgabe seines Sohnes. Ich weiß natürlich nicht, ob diese Anekdote der Wirklichkeit entspricht, aber ich bin davon überzeugt, daß eine beträchtliche Minderheit erwachsener Amerikaner nicht fähig wäre, eine einfache Prüfung über Prozentrechnen, Dezimalrechnen und Bruchrechnen zu bestehen. Manchmal, wenn ich höre, eine Ware werde um einen Bruchteil ihres Normalpreises verkauft, kann ich mir die Bemerkung nicht verkneifen, daß der Bruchteil wahrscheinlich $^{4}/_{3}$ beträgt, wofür ich verständnislose Blicke ernte.

Ein Mann begibt sich in die Innenstadt, wird dort überfallen und behauptet, der Täter sei ein Schwarzer gewesen. Als dann jedoch der Ablauf des Geschehens von dem Gericht, das sich mit der Aufklärung des Falles beschäftigt, mehrere Male unter vergleichbaren Lichtverhältnissen nachinszeniert wird, identifiziert das Opfer die Hautfarbe des Täters nur in etwa 80 Prozent der Fälle richtig. Wie hoch ist die Wahrscheinlichkeit, daß der Mann, der ihn überfallen hat, tatsächlich ein Schwarzer war?

Viele Leute werden jetzt natürlich antworten, daß diese Wahrscheinlichkeit 80 Prozent beträgt, aber die korrekte Antwort liegt prozentual wesentlich niedriger, wenn man von bestimmten vernünftigen Annahmen ausgeht, daß nämlich 90 Prozent der Bevölkerung weiß und zehn Prozent schwarz sind; daß die fragliche Gegend der Innenstadt für diese Zusammensetzung typisch ist; daß Schwarze gewöhnlich nicht häufiger andere Leute überfallen als Weiße; daß die fälschlichen Identifizierungen, die das Opfer trifft, mit gleicher Wahrscheinlichkeit in beide Richtungen gehen. Unter diesen Prämissen wird das Opfer bei 100 Überfällen, die unter vergleichbaren Bedingungen stattfinden, durchschnittlich 26 der Täter als Schwarze identifizieren – 80 Prozent der 10, die tatsächlich schwarz waren, also 8, plus 20 Prozent der 90, die weiß waren, also 18, was eine Gesamtsumme von 26 ergibt. Da also nur 8 der 26 als Schwarze identifizierten Täter tatsächlich schwarz waren, liegt die Wahrscheinlichkeit, daß der Mann wirklich von einem Schwarzen überfallen wurde, wie er das behauptet, nur bei $^{8}/_{26}$ oder etwa 31 Prozent!

Zugespitzt gesagt: Die richtige oder falsche Interpretation von Bruchzahlen kann also zwischen Leben und Tod entscheiden.

Den von der Regierung im Jahr 1980 veröffentlichten Angaben zufolge verdienen Frauen 59 Prozent dessen, was Männer verdienen. Obwohl diese Angabe seither des öfteren zitiert wurde, ist diese Statistik nicht so stichhaltig, wie oft behauptet wird. Ohne detailliertere Daten, wie sie in dieser Studie nicht enthalten sind, ist völlig unklar, welche Schlußfolgerungen daraus gezogen werden können. Bedeutet die Zahlenangabe, daß Frauen an den gleichen Arbeitsplätzen, die auch Männer innehaben, 59 Prozent des Lohns bekommen, den die Männer erhalten? Zieht die Studie die steigende Zahl der Frauen auf dem Arbeitsmarkt in Betracht sowie ihr Alter und ihre Erfahrung? Werden die relativ niedrig bezahlten Jobs in Betracht gezogen, denen viele Frauen nachgehen (Büroarbeit, Lehrberufe, Pflegedienst usw.)? Wird der Tatsache Rechnung getragen, daß der Beruf des Ehemannes für gewöhnlich für den Wohnort des Ehepaares ausschlaggebend ist? Wird in Betracht gezogen, daß ein höherer Prozentsatz von Frauen nur befristete Verträge hat? Die Antwort auf all diese Fragen lautet nein. Die veröffentlichte Zahl sagt also nur aus, daß das mittlere Einkommen von ganztags beschäftigten Frauen 59 Prozent des Verdienstes von Männern beträgt.

Der Zweck der oben aufgeworfenen Fragen besteht nicht darin, die Existenz von Sexismus zu leugnen. Es geht vielmehr darum, die Fragwürdigkeit der Präsentation von Statistiken anhand eines besonders bekannten Beispiels zu illustrieren. Dennoch wird diese so wenig aussagekräftige Statistik überall zitiert und ist zu dem geworden, was der Statistiker Darrell Huff eine ›semiattached figure‹* nennt, eine aus dem Kontext gerissene Zahlenangabe.

Wenn Statistiken ohne jegliche Angabe über die Größe und die Zusammensetzung der Stichprobe, über methodologische Aufzeichnungen und Definitionen, über Konfidenzintervalle und Signifikanzniveaus präsentiert werden, können wir eigentlich nur achselzuckend über sie hinweggehen oder uns selbst den fehlenden Kontext hinzudenken. Ein weiteres Beispiel dieser Art: Die oberen X Prozent des Landes besitzen Y Prozent seines Reichtums, wobei X erschreckend klein und Y erschrekkend groß ist. Die meisten Statistiken dieser Art sind jedoch nur erschreckend irreführend – wobei es mir auch hier nicht darum geht abzustreiten, daß es in unserem Land ein massives ökonomisches Gefälle gibt. Bei dem Besitz reicher Individuen und Familien handelt es sich selten um flüssige Vermögenswerte. Häufig werden auch Gesellschaftsvermögen mitgerechnet. Die Maßstäbe, nach denen solche Besitztümer bewertet werden, sind oft ziemlich an den Haaren herbeigezogen; und es gibt darüber hinaus noch weitere Faktoren, die die Angelegen-

* Wörtlich: »halb-gültige Zahl« (Anm. d. Übers.)

heit noch komplizierter machen und die zumeist deutlich zutage treten, wenn man ein wenig darüber nachdenkt.

Daher handelt es sich auch bei Bilanzen aller Art zumeist um eine merkwürdige Mischung aus Tatsachen und willkürlichen Vorgehensweisen, die für gewöhnlich erst einmal aufgeschlüsselt werden müssen. Die Zahl der von der Regierung beschäftigten Personen stieg im Jahr 1983 sprunghaft an – und zwar einzig und allein aus dem Grund, weil die Regierung beschlossen hatte, die Armee zu den Beschäftigten zu zählen!

Additionen beruhen oft auf Fehlschlüssen. Dabei lassen sie sich doch so leicht und angenehm durchführen! Wenn jeder von zehn Gegenständen, die man für die Herstellung eines Produktes braucht, eine achtprozentige Preiserhöhung erfahren hat, ist auch der Gesamtpreis um 8 Prozent angestiegen und nicht etwa um 80 Prozent. Wie eingangs erwähnt, meldete ein irregeleiteter Meteorologe im Fernsehen, am Samstag werde es mit fünfzigprozentiger Wahrscheinlichkeit regnen, und da dies auch für den Sonntag gelte, folgerte er: »Es sieht also ganz so aus, als würde es am Wochenende mit hundertprozentiger Wahrscheinlichkeit regnen.«

Es gibt eine amüsante Beweisführung, mit der Kinder einem gerne weismachen wollen, daß sie keine Zeit haben, in die Schule zu gehen. 1/3 der Zeit verbringen sie mit Schlafen, was insgesamt 120 Tage im Jahr ausmacht. 1/8 der Zeit nehmen die Mahlzeiten in Anspruch: drei Stunden pro Tag, also insgesamt etwa 45 Tage. 1/4 der Zeit, etwa 91 Tage, haben sie Ferien, und 2/7 des Jahres, nämlich 104 Tage, sind Wochenenden. Die Gesamtsumme ergibt bereits ungefähr ein ganzes Jahr, also bleibt den Kindern keine Zeit für die Schule.

Solche unangemessenen Additionen kommen ständig vor. Wenn zum Beispiel die Gesamtkosten für einen Streik oder die jährlichen Ausgaben bei Haltung eines

Haustieres berechnet werden, neigt man dazu, alles zusammenzurechnen, was einem so einfällt. Dabei kommt es häufig vor, daß man die gleichen Posten mehrmals unter verschiedenen Oberbegriffen zählt oder bestimmte Einsparungen ganz außer acht läßt. Wer solchen Zahlen Glauben schenkt, läßt sich wahrscheinlich auch davon überzeugen, daß die Kinder einfach keine Zeit haben, in die Schule zu gehen!

Wenn man die Leute (insbesondere, wenn es mathematische Analphabeten sind) mit der Bedrohlichkeit eines bestimmten Ereignisses beindrucken will, muß man nur die absolute Zahl, nicht aber die Wahrscheinlichkeit des Auftretens eines seltenen Ereignisses nennen, dessen zugrundeliegende Basispopulation groß ist. Ein solches Vorgehen bezeichnet man als den Trugschluß der ›breiten Basis‹, und wir haben bereits einige Beispiele dieser Art behandelt. Ob bei solchen irreführenden Angaben die Zahl oder die Wahrscheinlichkeit hervorgehoben werden soll, hängt vom Kontext ab. Es ist jedoch äußerst nützlich, wenn man rasch von der einen zur anderen umschalten kann, damit man nicht überwältigt wird von Schlagzeilen wie: »Der Blutzoll des Ferien-Wochenendes: 500 Tote in vier Tagen«. (Dies ist ungefähr die Zahl von Verkehrsopfern an beliebigen vier Tagen im Jahr.)

Vor einigen Jahren brach eine Flut von Zeitungsartikeln über uns herein, in denen behauptet wurde, es bestehe eine Verbindung zwischen dem Selbstmord von Jugendlichen und dem Spiel *Dungeons and Dragons*. Es wurde behauptet, die Jugendlichen seien von diesem Spiel besessen, würden daher den Kontakt mit der Realität verlieren und schließlich Selbstmord begehen. Als Beweis wurden 28 Fälle von Teenagern angeführt, die das Spiel häufig gespielt und Selbstmord verübt hatten.

Auf den ersten Blick wirkt diese Statistik sehr beeindruckend. Zwei entscheidende Fakten aber müssen hier ergänzt werden: Erstens wurde das Spiel millionenfach verkauft, und Schätzungen besagen, daß etwa 3 Millionen Jugendliche es gespielt haben. Zweitens beträgt die jährliche Selbstmordquote in dieser Altersgruppe etwa 12 pro 100 000. Diese beiden Faktoren zusammengenommen lassen den Schluß zu, daß die Zahl der Jugendlichen, die *Dungeons and Dragons* spielen und aller Erwartung nach Selbstmord verüben werden, etwa bei 360 (12 × 30) liegt! Ich will nicht bestreiten, daß in einigen dieser Fälle tatsächlich ein ursächlicher Zusammenhang zwischen dem Spiel und dem Selbstmord bestand; es kommt mir nur darauf an, daß diese Vorkommnisse in den richtigen Dimensionen betrachtet werden.

Ergänzungen und Anmerkungen

In diesem Abschnitt finden Sie Ergänzungen zu den Themen, die in diesem Kapitel behandelt wurden.

Der Drang, den Durchschnittswert anzunehmen, kann verführerisch sein. Denken Sie an den Witz von dem Mann, der mit dem Kopf in einem Ofen und mit den Füßen in einem Kühlschrank steckt, und behauptet, er fühle sich im Durchschnitt ganz wohl. Oder nehmen wir ein Sortiment von würfelförmigen Bauklötzchen, deren Seitenlänge zwischen 1 und 5 Zentimetern variiert. Das durchschnittliche Bauklötzchen, so könnten wir annehmen, hat demnach eine Seitenlänge von 3 Zentimetern. Das Volumen dieser Bauklötzchen variiert zwischen 1 und 125 Kubikzentimetern. Folglich könnten wir ebenfalls annehmen, daß das durchschnittliche Bauklötzchen ein Volumen von 63 Kubikzentimetern [(1 + 125) : 2 = 63] hat. Stellen wir nun diese beiden Annahmen nebeneinander, so kommen wir zu dem originellen Schluß, daß das durchschnittliche Bauklötzchen eine Seitenlänge von 3 Zentimetern und ein Volumen von 63 Kubikzentimetern hat!

Manchmal führt es nicht nur zu mißgestalteten Bauklötzchen, sondern zu weitaus ernsteren Konsequenzen, wenn man sich auf den Durchschnittswert verläßt. Ein Beispiel: Ihr Arzt teilt Ihnen mit, Sie hätten eine schreckliche Krankheit, und wer von ihr befallen sei, habe durchschnittlich noch 5 Jahre zu leben. Wenn dies alles ist, was Sie darüber erfahren, gibt es guten Grund zur Hoffnung. Es könnte ja sein, daß zwei Drittel der Leute, die an dieser Krankheit leiden, innerhalb eines Jahres nach deren Ausbruch sterben, und Sie haben schon mehrere Jahre gut überstanden. Vielleicht lebt das restliche Drittel, das ›Glück hat‹, noch 10 bis 40 Jahre. Der springende Punkt ist, daß es schwierig wird, vernünftig zu planen, wenn Sie nur den Durchschnittswert der Lebenszeit, die Ihnen bleibt, kennen, aber nicht wissen, wie sich diese restliche Lebenszeit innerhalb der Gruppe der Kranken verteilt.

Ein Zahlenbeispiel: Wenn der durchschnittliche Wert einer Menge 100 beträgt, so könnte das bedeuten, daß alle Werte dieser Menge zwischen 95 und 105 liegen. Zweite Möglichkeit: Die eine Hälfte liegt etwa bei 50 und die andere Hälfte etwa bei 150; dritte Möglichkeit: Ein Viertel hat den Wert 0, die Hälfte ungefähr den Wert 50 und ein Viertel liegt bei etwa 300. Es ist aber auch jede beliebige andere Verteilung möglich, die denselben Durchschnittswert hat.

Die meisten Mengen zeigen keine wohlgeformten Verteilungskurven, und der Durchschnitts- oder Mittelwert ist nur begenzt von Bedeutung, wenn man die Spannbreite der Verteilung nicht kennt und über kein ungefähres Bild der Verteilungskurve verfügt. Es gibt im alltäglichen Leben unzählige Situationen, in denen die Leute ein gutes Gespür für die betreffenden Verteilungskurven entwickeln. Schnellimbiß-Restaurants zum Beispiel bieten ein Produkt an, dessen durchschnittliche Qualität bestenfalls bescheiden ist, das aber nur eine geringe Spannbreite an Gestaltungsmöglichkeiten hat (was, neben der raschen Bedienung, ihre Beliebtheit ausmacht). Traditionelle Restaurants hingegen bieten im allgemeinen ein Produkt von höherer durchschnittlicher Qualität an, das aber eine wesentlich größere Spannbreite an Gestaltungsmöglichkeiten aufweist – besonders in Hinsicht auf den Magen.

Jemand hält Ihnen zwei Umschläge hin und sagt, daß in einem doppelt soviel Geld sei wie in dem anderen. Sie nehmen den Umschlag A, öffnen ihn und finden 100 Dollar darin. Folglich müssen in Umschlag B entweder 200 oder 50 Dollar sein. Wenn Ihr Partner Ihnen erlaubt, sich noch einmal neu zu entscheiden, haben Sie die Möglichkeit, 100 Dollar mehr zu bekommen oder 50 Dollar zu verlieren. Sie nehmen also Umschlag B. Die Frage lautet: Warum haben Sie nicht zuerst Umschlag B genommen? Es ist klar, daß unabhängig davon, welcher Betrag sich in dem zuerst gewählten Umschlag befindet, Sie auf jeden Fall – sofern Sie sich umentscheiden dürfen – den zweiten Umschlag nehmen. Wenn man nicht weiß, wie hoch die Wahrscheinlichkeit ist, daß unterschiedliche Geldbeträge in den Umschlägen stecken, gibt es keinen Weg aus dieser Sackgasse. Aus dieser Problematik erklärt sich der häufig zu hörende Satz: »Die anderen sind immer besser dran als ich«, der meistens dann ertönt, wenn die Einkommensstatistiken veröffentlicht werden.

Noch ein Spiel. Werfen Sie so oft eine Münze, bis zum ersten Mal Zahl erscheint. Wenn dies bis zum zwanzigsten Wurf (oder auch später) nicht passiert, haben Sie 1 Milliarde Dollar gewonnen. Wenn vor dem zwanzigsten Wurf das erste Mal Zahl fällt, müssen Sie aber 100 Dollar zahlen. Würden Sie sich auf dieses Spiel einlassen?

Es gibt eine Möglichkeit von 524 288 (2^{19}), daß Sie die Milliarde Dollar gewinnen, und 524 287 Möglichkeiten von 524 288, daß Sie 100 Dollar verlieren. Auch wenn Sie bei jedem einzelnen Wurf mit großer Wahrscheinlichkeit verlieren werden, können Sie darauf vertrauen, daß Sie nach dem Gesetz der großen Zahl durchschnittlich einmal bei 524 288 Würfen gewinnen werden – und diese Gewinne werden Sie mehr als reichlich für die Verluste entschädigen. Genauer gesagt, Ihr zu erwartender oder durchschnittlicher Gewinn bei diesem Spiel beträgt $(^{1}/_{524\,288}) \times (+\text{ eine Milliarde}) + (^{524\,287}/_{524\,288}) \times (-100)$ oder etwa 1800 Dollar pro Wurf. Doch die meisten Leute werden es trotzdem ablehnen, sich auf dieses Spiel einzulassen (eine Variante des sogenannten St.-Petersburger-Paradoxes), trotz des durchschnittlichen Gewinns von fast 2000 Dollar.

Wie aber wäre es, wenn Sie so oft und so lange spielen könnten, wie es Ihnen gefiele, und nicht vor dem Ende des Spieles zu zahlen brauchten? Würden Sie dann spielen?

Es ist nicht einfach, bei der Auswahl von Stichproben wirklich das Zufallsprinzip walten zu lassen, und die Erhebung ist nicht immer vom Erfolg gekrönt. Das hat sie mit der Arbeit der Regierung gemeinsam. Die Lotterieziehung von 1970, bei der die Zahlen von 1 bis 366 (die auf Zettel geschrieben waren, welche in kleinen Kapseln steckten) gezogen wurden, war mit Sicherheit unfair. Die 31 Kapseln für die im Januar Geborenen wurden in eine große Trommel gesteckt, dann die 29 Kapseln für den Februar usw., bis zu den 31 Kapseln für den Dezember. Es wurde zwar zwischendurch immer wieder einmal gemischt, aber offensichtlich nicht lange genug, da bei den ersten Ziehungen die Nummern für Dezember überdurchschnittlich häufig vorkamen, während die Nummern für die ersten Monate des Jahres gegen Ende der Ziehung bedeutend öfter fielen, als es der Wahrscheinlichkeit nach hätte sein dürfen. Bei der Lotterie von 1971 wurde dann ein computerbetriebener Zufallsgenerator eingesetzt.

Auch beim Kartenspiel ist es gar nicht so einfach, eine zufällige Mischung zu erhalten. Es genügt nämlich nicht einen Satz Spielkarten zwei- oder dreimal zu mischen, um ihre Reihenfolge, wie immer sie auch geordnet sein mag, gänzlich umzuändern. Der Statistiker Persi Diaconis hat gezeigt, daß es in der Regel notwendig ist, sechsbis achtmal gründlich zu mischen. Wenn ein Satz Karten, deren Reihenfolge bekannt ist, nur zwei- oder dreimal gemischt wird, wobei eine bestimmte Karte an einer anderen Stelle im Stapel zu liegen kommt, kann ein guter Zauberkünstler fast immer sagen, wo diese Karte liegt. Am besten wäre es, wenn ein Computer mit Zufallsgenerator die Karten mischen würde, auch wenn das eine sehr umständliche Methode ist.

Hier eine amüsante Methode, mit deren Hilfe sich illegale Glücksspielbetreiber täglich mit Zufallszahlen versorgen können, die jedermann zugänglich sind: Man nehme bei den täglichen Dow-Jones-Indizes für Industrie-, Transport- und Versorgungswerte jeweils die zweite Stelle hinter dem Komma und reihe diese Ziffern aneinander. Wenn zum Beispiel die Industriewerte mit einem Index von 2213,27 abschließen, die Transportwerte mit 778,31, und die Versorgungswerte mit 251,32, dann würde die Zahl des Tages 712 lauten. Da diese Ziffer sich am raschesten ändert und sie am meisten vom Zufall bestimmt wird, besteht bei jeder Zahl zwischen 000 und 999 die gleiche Wahrscheinlichkeit, daß sie erscheint. Und es müßte auch niemand fürchten, daß die Zahlen ›frisiert‹ sind, denn sie werden sowohl vom angesehenen *Wall Street Journal* als auch von weniger angesehenen Zeitungen veröffentlicht.

Eine zufällige Auswahl ist jedoch nicht nur dann von entscheidender Bedeutung, wenn man sicherstellen will, daß Glücksspiele fair ablaufen, Meinungsumfragen richtig konzipiert und Hypothesen korrekt überprüft werden. Eine solche Auswahl wird immer auch dann benötigt, wenn eine Situation modellhaft nachgebildet werden soll, in der der Zufall eine große Rolle spielt. Zu diesem Zweck müssen Millionen von Zufallszahlen gesammelt werden: Wie lange muß man – unter verschiedenen Bedingungen – in der Schlange vor der Kasse im Supermarkt warten? Entwerfen Sie ein angemessenes Programm, das die Situation im Supermarkt unter verschiedenen Bedingungen modellhaft widerspiegelt, und instruieren Sie den Computer, das Programm einige Millionen Male durchzuarbeiten, um zu überprüfen, wie oft unterschiedliche Ergebnisse zustande kommen. Viele mathematische Probleme sind so schwer zu bearbeiten, und die Experimente, die dafür erforderlich wären, sind so kostspielig, daß diese Art der Simulation von Wahrscheinlichkeiten die einzig mögliche Alternative ist. Selbst bei einfacheren Problemen ist die Simulation häufig der schnellere und billigere Weg.

In den meisten Fällen reichen die pseudo-zufälligen Zahlen, die der Computer erzeugt, völlig aus. Diese Zufallszahlen werden meist für praktische Zwecke benötigt, und sie werden nach einem genau festgelegten Schema erzeugt, das die Zahlen in einer Weise ordnet, die verhindert, daß sie für einen anderen Verwendungszweck als den vorgesehenen mißbraucht werden können. Ein solcher Verwendungszweck ist die Codierung von Informationen, die es zum Beispiel Regierungsbehörden, Banken und anderen Institutionen erlaubt, vertrauliche Information abzurufen, ohne befürchten zu müssen, daß Unbefugte sie entschlüsseln. In einem solchen Fall mischt man die pseudo-zufälligen Zahlen mehrerer Computer und verbindet sie dann mit den physikalisch unbestimmbaren und ständig wechselnden Werten der elektrischen Spannung, die beim ›weißen Rauschen‹ einer elektromagnetischen Quelle entstehen.

Allmählich setzt sich die Erkenntnis durch, daß das Sammeln von Zufallszahlen einen ökonomischen Wert hat.

Statistische Bedeutung und praktische Bedeutung sind zwei verschiedene Dinge. Ein Ergebnis ist statistisch von Bedeutung, wenn hinreichend unwahrscheinlich ist, daß es durch Zufall zustande kam. Das allein aber sagt nicht viel aus. Vor einigen Jahren wurde eine Studie durchgeführt, bei der einer Gruppe von Freiwilligen ein Placebo verabreicht wurde, während eine andere Gruppe Vitamin C in hohen Dosierungen erhielt. In der Gruppe, die Vitamin C bekam, zog sich ein geringfügig niedrigerer Prozentsatz der Teilnehmer eine Erkältung zu als in der anderen. Aufgrund des Umfangs der Untersuchung war der Zufall nahezu ausgeschlossen, aber der Unterschied bei den Raten der Erkrankung war in praktischer Hinsicht völlig irrelevant.

Eine beträchtliche Anzahl von medizinischen Präparaten hat die Eigenschaft, daß sie erwiesenermaßen besser sind als nichts – wenn auch nicht sehr viel. Das Medikament X, das in allen möglichen Testreihen 3 Prozent der Patienten schlagartig von ihren Kopfschmerzen befreit, ist sicherlich besser als nichts, aber wieviel würden Sie dafür ausgeben? Sicher würde man es mit den Worten anpreisen, daß es in einem ›bedeutenden Prozentsatz der Fälle‹ Erleichterung schaffe; in Wirklichkeit jedoch ist dieser Prozentsatz nur für die Statistik von ›Bedeutung‹.

In der Regel sind wir mit der gegenteiligen Situation konfrontiert: Das Ergebnis ist potentiell von praktischer Bedeutung, hat aber fast keine statistische Bedeutung. Wenn irgendein Star für eine Firma wirbt, die Hundefutter herstellt, oder wenn ein Taxifahrer sich über den Bürgermeister aufregt, so besteht offenkundig kein Grund, diesen persönlichen Äußerungen statistische Bedeutung beizumessen. Dasselbe gilt für die ›Persönlichkeitstests‹ in den Frauenzeitschriften: Was tue ich, wenn er eine andere liebt? Sieben Typen von Liebhabern – zu welchem gehört Ihr Mann? Den Bewertungsschemata dieser ›Tests‹ mangelt es zumeist an jeglichen statistischen Grundlagen: Warum sollte denn ein Punktwert von 62 aussagen, daß der Ehegatte untreu ist? Vielleicht durchlebt er auch nur gerade seinen zweiten Frühling? Woher kommt diese siebenstufige Typologie? Sicherlich verbreiten die Männermagazine oft noch viel schlimmere Idiotien – man denke nur an die üblichen Gewalt- und Totschlagsphantasien –, doch man findet in ihnen nur selten solche albernen ›Persönlichkeitstests‹.

Der Mensch neigt in starkem Maße dazu, alles zu wollen, und dabei zu übersehen, daß in der Regel Kompromisse notwendig sind. Aufgrund ihrer besonderen Position sind Politiker öfter als die meisten anderen Leute versucht, diesem verführerischen Gedanken nachzugeben. Kompromisse zwischen Qualität und Preis, zwischen Schnelligkeit und Gründlichkeit, zwischen der Zulassung eines möglicherweise schlechten Medikaments und der Ablehnung eines möglicherweise guten Präparats, zwischen Freiheit und Gleichheit usw. werden häufig verwässert und in einen diffusen Nebel getaucht. Dieser Mangel an Klarheit schlägt sich gewöhnlich in höheren Kosten für jeden einzelnen Bürger nieder.

Nur ein Beispiel: Einige Bundesstaaten beschlossen kürzlich, die Geschwindigkeitsbegrenzung auf bestimmten Highways auf 100 Stundenkilometer heraufzusetzen und die Strafen für Trunkenheit am Steuer nicht zu verschärfen. Einige Bürgerrechtsgruppen, die für mehr Sicherheit im Verkehr eintreten, wandten sich gegen diese neue Regelung. Ihre Einwände wurden jedoch mit der offenkundig falschen Behauptung zurückgewiesen, die Zahl der Verkehrsunfälle würde nicht zunehmen. Dabei war allgemein bekannt, daß man die zu erwartende Zunahme der tödlichen Unfälle zugunsten ökonomischer und politischer Erwägungen in

Kauf nehmen wollte. Es ließen sich noch Dutzende ähnlicher Beispiele anführen, vor allem zum Thema Umweltschutz und Giftmüll (Geld versus Leben). Sie führen die üblichen Sprüche von der Unbezahlbarkeit eines Menschenlebens ad absurdum.

Menschenleben sind in mancher Hinsicht unbezahlbar; wenn wir jedoch zu vernünftigen Kompromissen kommen wollen, müssen wir konsequenterweise dem menschlichen Leben einen begrenzten ökonomischen Wert zuordnen. Oft jedoch, wenn solche Entscheidungen getroffen werden müssen, wird ein heuchlerisches Trara veranstaltet, um davon abzulenken, wie niedrig dieser Wert tatsächlich eingeschätzt wird. Mir wäre es lieber, wenn man gegenüber dem menschlichen Leben weniger falsche Pietät walten ließe und ihm statt dessen einen höheren ökonomischen Wert beimessen würde. Natürlich wäre es ideal, wenn dieser Wert unbegrenzt sein könnte; wenn er aber nicht unbegrenzt ist, sollte man sich die Gefühlsduselei sparen. Wenn wir uns nicht bis zur letzten Konsequenz bewußt sind, welche Wahl wir treffen, werden wir wahrscheinlich auch nicht auf bessere Wahlmöglichkeiten hinarbeiten.

Schluß

Wir segeln innerhalb einer riesigen Sphäre, treiben dahin in ewiger Unsicherheit, von einem Ende zum anderen.

– Pascal

Ein Mensch ist ein kleines Ding, und die Nacht ist sehr lang und voller Wunder.

– Lord Dunsany

Der Zufall tritt durch verschiedene Türen in unser Leben. Hinter der ersten Tür finden wir Werkzeuge des Zufalls wie etwa Würfel, Karten und Rouletteräder. Später wird uns bewußt, daß Geburten, Todesfälle, Unfälle, ökonomische und selbst intime Vorgänge sich statistisch erfassen lassen. In einem nächsten Schritt erkennen wir, daß jedes hinreichend vielschichtige Phänomen, selbst wenn es völlig vorbestimmt ist, oft nur durch die Simulation von Wahrscheinlichkeiten unserem Verständnis zugänglich wird. Und schließlich lernen wir von der Quantenmechanik, daß in den grundlegendsten mikrophysikalischen Prozessen der Zufall waltet.

Es überrascht also nicht, daß man ziemlich lange braucht, um den Wert der Wahrscheinlichkeitsrechnung schätzen zu lernen. Meiner Meinung nach ist es ein Zeichen für innere Reife, wenn man dem Zufallscharakter alles Natürlichen die gebührende Achtung zollt. Eiferer, Rechtgläubige, Fanatiker und Fundamentalisten jeglicher Schattierung wollen nur selten mit etwas so Seichtem wie der Wahrscheinlichkeitsrechnung zu tun haben. Ich wünschte, sie müßten 10^{10} Jahre lang in der Hölle schmoren (keine Angst, das ist nicht so ernst gemeint) oder einen Kursus in Wahrscheinlichkeitstheorie absolvieren.

In einer zunehmend komplizierter werdenden Welt, in der sinnlose Zufälle an der Tagesordnung sind, benötigt man in vielen Situationen nicht ein Mehr an Fakten – davon haben wir bereits überreichlich –, sondern eine bessere Beherrschung der bereits bekannten Fakten, und zu diesem Zweck ist die Wahrscheinlichkeitsrechnung von unschätzbarem Wert. Statistische Tests und Konfidenzintervalle, der Unterschied zwischen Ursache und Wechselbeziehung, bedingte Wahrscheinlichkeit, Unabhängigkeit und die Multiplikationsregel, die Kunst des Schätzens und der Aufbau von Experimenten, der Begriff des erwarteten Wertes und der Wahrscheinlichkeitsregel – diese Verfahren und Methoden sollten einer breiten Öffentlichkeit bekannt sein. Auch die Kenntnis der wichtigsten Beispiele, anhand derer diese Methoden im Alltagsleben erprobt worden sind, sollte zur Allgemeinbildung gehören. Die Wahrscheinlichkeitrechnung ist – ebenso wie die Logik – nicht mehr bloß eine Angelegenheit der Mathematik. Sie durchdringt unser aller Leben.

Jedes Buch, das geschrieben wird, entsteht, zumindest teilweise, aus einem Gefühl der Wut heraus. Dieses Buch bildet dabei keine Ausnahme. Mir bereitet es innerliche Qualen, wenn eine Gesellschaft, die so vollständig von der Mathematik und der Wissenschaft abhängig ist, gleichgültig darüber hinweggeht, daß viele ihrer Bürger mit der Mathematik nicht zu Rande kommen und wissenschaftliche Analphabeten sind. Es macht mir Sorgen, wenn Jahr für Jahr im Rüstungshaushalt mehr als eine Viertelmilliarde Dollar für immer schlagkräftigere Waffen bereitgestellt wird, die in die Hände von erbärmlich schlecht ausgebildeten Soldaten gelangen. Und es bedrückt mich, wenn die Medien sich regelmäßig überschlagen, sobald ein Flugzeug entführt wird oder ein kleines Kind in einen Brunnen gefallen ist, während sie auf Probleme wie die Verbrechensrate in den Städten, Zerstörung der Umwelt oder die Armut vergleichsweise gelassen reagieren.

Mich erbittert der verlogene Romantizismus, der aus der abgedroschenen Phrase von der ›kalten Rationalität‹ spricht (als könne es keine ›warme Rationalität‹ geben). Es tut mir weh, wenn ich sehe, daß sich vor Dummheit strotzende Pseudowissenschaften wie Astrologie oder Parapsychologie immer weiter ausbreiten. Und es schmerzt mich, wenn ich höre, Mathematik sei eine esoterische Disziplin, die wenig Bezug zur ›wirklichen‹ Welt habe.

Doch es waren nicht nur die Sorge und der Zorn über die weitverbreitete Ignoranz, die mich bewogen, dieses Buch zu verfassen. Die Kluft zwischen unseren Ansprüchen und der Realität ist in der Regel ziemlich tief. Da Zahl und Zufall zu den grundlegenden Prinzipien unserer Realität gehören, wird jeder, der diese Begriffe richtig beherrscht, diese Kluft und diesen Widerspruch mit größerer Klarheit erkennen und ein stärkeres Gespür für die Absurdität des Lebens entwickeln. Ich glaube, in diesem Gefühl für unsere Absurdität liegt etwas Göttliches, und daher sollte man dieses Gefühl sorgsam pflegen und nicht verdrängen. Es öffnet uns die Augen dafür, wie kümmerlich und doch herausragend unsere Stellung in dieser Welt ist, und es ist eben diese Einsicht, die uns von den Ratten unterscheidet. Alles, was uns unsensibel gegenüber diesem Gefühl macht, sollte man bekämpfen, also auch das mathematische Analphabetentum. Mein Anliegen war es daher vor allem, ein Gespür für numerische Proportionen zu vermitteln und das Verständnis dafür zu schärfen, daß alles, was lebt, unveränderlich dem Zufall unterliegt.